Compliance

Reinhard Preusche
Karl Würz

Inhalt

Vorwort

Compliance ist in aller Munde, in der Regel leider verbunden mit Nachrichten über Probleme von Unternehmen und/oder deren Geschäftsführern und Führungskräften.

Dieser TaschenGuide möchte Ihnen helfen, die Situation Ihres Unternehmens und den daraus resultierenden Handlungsbedarf einzuschätzen.

Unser Ziel ist es, dass Sie verstehen,

- was mit Compliance gemeint ist,
- was das vor dem Hintergrund der Rechtslage in Deutschland bedeutet,
- warum Compliance keine Eintagsfliege ist,
- warum das Sie und Ihr Unternehmen angeht und
- wozu ein Compliance-Management-System gut ist.

Sodann stellen wir Ihnen verschiedene Gesichtspunkte vor, die bei der Einrichtung eines Compliance-Management-Systems (CMS) für ein mittelständisches Unternehmen beachtet werden sollten, erläutern die Grundzüge der Konzeption, Aufbau- und Ablauforganisation und Prozessarchitektur eines CMS. Hierbei wird der TaschenGuide mit Erläuterungen zum Bestellungsschreiben des Compliance-Beauftragten, der Risikomanagement- und Compliance-Koordinationsgruppe (RICKO-Gruppe) und der AKV-Matrix für die Pflichtendelegation bewusst praktisch.

Anschließend stellen wir im dritten Kapitel ausgewählte Einzelthemen vor und zeigen an diesen Beispielen, wie für ein erfolgreiches Compliance-Management unterschiedliche Einzelfragen berücksichtigt und verschiedene Funktionen zusammenwirken müssen.

Die Haufe Gruppe und die CompCor Compliance Solutions GmbH & Co. KG haben eine Zusammenarbeit beim Thema Compliance vereinbart. Wir möchten einen pragmatischen Compliance-Ansatz mit bezahlbaren Lösungen insbesondere für den Mittelstand entwickeln. Die ersten Früchte aus dieser Zusammenarbeit stellen wir Ihnen im Anhang vor: Compliance-Produkte der Haufe Gruppe vom Office über College bis zum Haufe Compliance Manager sowie die CompCor-Beratungsangebote.

Karl Würz (Geschäftsführer, CompCor)

Dr. Reinhard Preusche (Geschäftsführer, CompCor)

Michael Bernhard (Produktmanager Compliance, Haufe Gruppe)

P.S.: Unter www.haufe.de/compliance können Sie sich laufend kostenlos zum Thema informieren und für den Compliance-Newsletter registrieren.

Hinweis:

Aus Gründen der besseren Lesbarkeit wird auf die zusätzliche Formulierung der weiblichen Form verzichtet. Wir möchten deshalb darauf hinweisen, dass die ausschließliche Verwendung der männlichen Form explizit als geschlechtsunabhängig verstanden werden soll.

Compliance – was ist das?

Solange sich alle Mitarbeiter nach Recht und Redlichkeit verhalten, ist Compliance ein abstraktes Gebilde. Wenn es aber ein Fehlverhalten gibt, sind die Folgen konkret: ein beschädigtes Image, verärgerte Geschäftspartner, niedrigere Gewinne, Schadensersatzansprüche und im schlimmsten Fall ein Gerichtsverfahren.

In diesem Kapitel erleben Sie Compliance als unverzichtbaren Bestandteil der Unternehmensführung und lernen die wichtigsten Rechtsvorschriften kennen. Dazu erfahren Sie, wie Sie persönlich von Verstößen anderer UND unterlassener Vorsorge betroffen sein können.

Rechtskonformität und Redlichkeit

Compliance bedeutet im Englischen „die Erfüllung von Anforderungen". Im US-Sprachgebrauch steht daneben „business ethic". Auf Deutsch heißt das „Rechtskonformität, Beachtung von Recht und Gesetz" und „Integrität, Redlichkeit oder Geschäftsethik". Compliance bezeichnet heute in Deutschland wie auch international beide Aspekte. Zunächst wird mit der Formulierung „Einhaltung externer Regeln" die „Rechtskonformität" in den Vordergrund gestellt. Dann fließen mit dem Zusatz „und die Einhaltung interner Regeln und Prinzipien", wie z. B. Verhaltenskodex und Wertemanagementvorgaben, Redlichkeit und Integrität in die Aufgabenstellung von Compliance ein.

Alter Wein in neuen Schläuchen?

Wer das liest, denkt vielleicht:

- Gesetzestreue und Redlichkeit sind für ein gut geführtes Unternehmen doch nichts Neues (z. B. der ehrbare Kaufmann).
- Immer neue Schlagworte, immer neue Kosten?
- Die Definition „Einhaltung externer und interner Regeln und Prinzipien" ist so weit gefasst, dass man damit operativ nichts anfangen kann.
- Sollen wir die perfekte Welt schaffen? Niemand wird jemals verhindern können, dass Menschen rechtswidrig handeln oder sich unredlich verhalten.
- Soll „gute Geschäftsführung" neu beschrieben werden?

Was ist an Compliance neu?

Mit diesen Überlegungen liegen Sie gar nicht falsch. Es geht tatsächlich um neue Anforderungen an eine gute Geschäftsführung:

- Von Unternehmen werden heute aktive aufbau- und ablauforganisatorische Maßnahmen verlangt, um Risiken für Rechtskonformität oder Redlichkeit zu vermeiden.

- Die Gesamtheit dieser Maßnahmen nennt man Compliance-Management-System.

- Im Interesse einer praktikablen Eingrenzung sollte man sich dabei auf straf- oder bußgeldbewehrte Regelverstöße sowie erhebliche Reputationsrisiken oder Vermögensschäden beschränken. Nur bei solchen besonderen Gefährdungslagen sind über die vorhandenen Verfahren hinausgehende Compliance-Maßnahmen sinnvoll.

- Bußgeld- und Strafandrohungen sind Hinweise auf ein besonderes öffentliches Interesse an der Regeleinhaltung. In vergleichbarer Weise gilt das auch für drohende Rufschäden. Das betrifft nicht nur Themenstellungen wie Korruption, Kartellverbote, Datenschutz oder Diskriminierung, die bisher im Vordergrund der Compliance-Diskussion standen.

- Unternehmen müssen darüber hinaus viele straf- oder bußgeldbewehrte Vorschriften von großer praktischer Bedeutung einhalten (z.B. im Umweltschutz, dem Personalwesen, dem Einsatz von Fremdressourcen, der Exportkontrolle oder der Einhaltung von Herkunftsbezeichnungen) und haben hierzu üblicherweise bereits Verfahren und Weisungen eingerichtet.

- Ein unternehmensübergreifendes Compliance-Management-System erfordert daher die Vernetzung voneinander unabhängiger Prozesse im Unternehmen. Spätestens das ist Geschäftsführungsaufgabe.

> **Definition von Compliance**
> Die Maßnahmen eines Unternehmens, die vor dem Hintergrund seiner sonstigen Bemühungen um eine rechtskonforme und redliche Führung der Geschäfte und das entsprechende Verhalten seiner Mitarbeiter erforderlich sind, um straf- und bußgeldbewehrte Verhaltensweisen zu vermeiden und besonders schwerwiegende Reputations- oder Vermögensschäden zu verhindern.

Woher kommt die Aufmerksamkeit für Compliance?

Ob Sie wollen oder nicht: Für Compliance gibt es eine Reihe guter Gründe, wie z. B.:

- Wachsender Ermittlungs- und Überwachungsdruck: Aufsichts- und Strafverfolgungsbehörden haben den Respekt vor Unternehmen und Managern verloren.

- Investigativer Journalismus: Managerfehlverhalten ist für Wirtschaftsmedien so attraktiv wie königliche Hochzeiten für die Boulevardpresse.

- Wertgeprägte Unternehmenskultur: Unternehmen beanspruchen heute selbst, Träger von Werten zu sein, und werden in der Öffentlichkeit und von ihren Kunden daran gemessen.

- Gegenseitige Vernetzung: In einer hochvernetzten, arbeitsteiligen Wirtschaftswelt berührt das Fehlverhalten eines einzelnen Teilnehmers schnell die Interessen anderer Beteiligter.

- Druck in der Lieferantenkette: Unternehmen achten daher bei Geschäftspartnern auf Compliance-gerechtes Verhalten und geben den Compliance-Druck in der Lieferantenkette weiter.

- Internationale Standards: Angebot und Nachfrage sollen im Leistungswettbewerb optimiert werden. Was unlautere Sondervorteile verschafft, wie z. B. Korruption oder Kartellabsprachen, wird von den führenden Wirtschaftsnationen geächtet und nach Möglichkeit verfolgt.

Rechtsgrundlagen gegen unrechtes Unternehmenshandeln

Unternehmensinhaber, d.h. die tatsächlich Führungsverantwortlichen, sind nach § 130 OWiG verpflichtet, durch angemessene Aufsichtsmaßnahmen die Verletzung straf- oder bußgeldbewehrter Unternehmenspflichten zu verhindern. Kommen sie oder an ihrer Stelle beauftragte Mitarbeiter (Pflichtendelegation) dieser Pflicht nicht ordnungsgemäß nach, handeln sie oder die beauftragten Mitarbeiter (§ 9 OWiG) selbst ordnungswidrig und können mit einem Bußgeld belegt werden. Daneben können auch gegen Unternehmen selbst Sanktionen verhängt werden (Verbandsstrafe nach § 30 OWiG).

Diese Regelungen bilden heute in Deutschland die harte rechtliche Grundlage für die unter dem Stichwort Compliance erfassten Pflichten zur Vermeidung rechtswidrigen Unternehmenshandelns. Sie bestehen gegenüber der Allgemeinheit und nicht nur gegenüber den Unternehmenseigentümern oder Vertragspartnern. Demgegenüber bestehen die gesellschaftsrechtlichen Anforderungen an eine ordnungsgemäße Geschäftsführung (§§ 91, 93 AktG und § 43 GmbHG) grundsätzlich nur gegenüber den Unternehmenseigentümern. Vor diesem Hintergrund lässt sich Compliance als Verkehrssicherungspflicht zur Verhinderung unrechtmäßigen Unternehmenshandelns verstehen.

Der Beginn: Verkehrssicherungspflichten für Vermögensschäden

Jeder Unternehmer kennt heute die Verkehrssicherungspflichten, die ein Unternehmen einhalten muss, um ggf. Schadensersatzansprüche von Geschäftspartnern wegen Vertragsverletzung oder von Dritten aus unerlaubter Handlung abwehren zu können.

Die Entwicklung hierzu begann schon zu Beginn des zwanzigsten Jahrhunderts mit den nebenvertraglichen Schutzpflichten und hat sich später im Medizin- und Produkthaftungsrecht und bei der Haftung für Schäden aus unerlaubten Handlungen von Verrichtungsgehilfen fortgesetzt.

Im Ergebnis sehen sich Unternehmen heute in vielen Bereichen organisatorischen Pflichten ausgesetzt, um Schäden, die in ihrem Organisations- und Herrschaftsbereich entstehen, zu vermeiden. Eine Enthaftung setzt den Nachweis voraus, dass der Schaden auch bei Einhaltung aller erforderlichen Sorgfaltspflichten eingetreten wäre. Als Mindestmaßstab dienen, soweit vorhanden, die Vorgaben aus ISO-, DIN- oder vergleichbaren anderen Qualitätsstandards von Aufsichtsbehörden oder berufsständischen Organisationen.

§ 130 OWiG (Verletzung der Aufsichtspflicht in Betrieben und Unternehmen)

Wer als Inhaber eines Betriebes oder Unternehmens vorsätzlich oder fahrlässig die Aufsichtsmaßnahmen unterlässt, die erforderlich sind, um in dem Betrieb oder Unternehmen Zuwiderhandlungen gegen Pflichten zu verhindern, die den Inhaber treffen und deren Verletzung mit Strafe oder Geldbuße bedroht ist, handelt ordnungswidrig, wenn eine solche Zuwiderhandlung begangen wird, die durch gehörige Aufsicht verhindert oder wesentlich erschwert worden wäre. Zu den erforderlichen Aufsichtsmaßnahmen gehören auch die Bestellung, sorgfältige Auswahl und Überwachung von Aufsichtspersonen.

§ 9 OWiG (Handeln für einen anderen)

(1) Handelt jemand

1. als vertretungsberechtigtes Organ einer juristischen Person oder als Mitglied eines solchen Organs,

2. als vertretungsberechtigter Gesellschafter einer rechtsfähigen Personengesellschaft oder

3. als gesetzlicher Vertreter eines anderen,

so ist ein Gesetz, nach dem besondere persönliche Eigenschaften, Verhältnisse oder Umstände (besondere persönliche Merkmale) die Möglichkeit der Ahndung begründen, auch auf den Vertreter anzuwenden, wenn diese Merkmale zwar nicht bei ihm, aber bei dem Vertretenen vorliegen.

(2) Ist jemand von dem Inhaber eines Betriebes oder einem sonst dazu Befugten

1. beauftragt, den Betrieb ganz oder zum Teil zu leiten, oder

2. ausdrücklich beauftragt, in eigener Verantwortung Aufgaben wahrzunehmen, die dem Inhaber des Betriebes obliegen, und handelt er auf Grund dieses Auftrages, so ist ein Gesetz, nach dem besondere persönliche Merkmale die Möglichkeit der Ahndung begründen, auch auf den Beauftragten anzuwenden, wenn diese Merkmale zwar nicht bei ihm, aber bei dem Inhaber des Betriebes vorliegen. Dem Betrieb im Sinne des Satzes 1 steht das Unternehmen gleich.

§ 30 OWiG (Geldbuße gegen juristische Personen und Personenvereinigungen)

(1) Hat jemand

1. als vertretungsberechtigtes Organ einer juristischen Person oder als Mitglied eines solchen Organs,

2. als Vorstand eines nicht rechtsfähigen Vereins oder als Mitglied eines solchen Vorstands,

3. als vertretungsberechtigter Gesellschafter einer rechtsfähigen Personengesellschaft,

4. als Generalbevollmächtigter oder in leitender Stellung als Prokurist oder Handlungsbevollmächtigter einer juristischen Person oder einer in Nummer 2 oder 3 genannten Personenvereinigung oder

5. als sonstige Person, die für die Leitung des Betriebs oder Unternehmens einer juristischen Person oder einer in Nummer 2 oder 3 genannten Personenvereinigung verantwortlich handelt, wozu auch die Überwachung der Geschäftsführung oder die sonstige Ausübung von Kontrollbefugnissen in leitender Stellung gehört,

eine Straftat oder Ordnungswidrigkeit begangen, durch die Pflichten, welche die juristische Person oder die Personenvereinigung treffen, verletzt worden sind oder die juristische Person oder die Personenvereinigung bereichert worden ist oder werden sollte, so kann gegen diese eine Geldbuße festgesetzt werden.

Was geht mich das als Unternehmer oder Geschäftsführer an?

Sie sagen jetzt vielleicht: Ich habe verstanden. Für Rechtsfragen und Organisationsdetails habe ich allerdings meine Berater und Mitarbeiter. Ich führe ein Unternehmen und muss mich auf unsere Kernfragen konzentrieren.

Unsere Antwort hierauf: Überlassen Sie die Details ruhig Ihren Mitarbeitern und Beratern – aber bitte erst, nachdem Sie den Zug auf das richtige Gleis gesetzt haben. Warum? Es geht um Ihren Ruf, Ihr Geld und Ihre Existenz. Es geht um Ihr Unternehmen. Ob Sie wollen oder nicht.

Die Drohkulisse wächst

Als Start der aktuellen Entwicklungsetappe können die US Federal Sentencing Guidelines von 1987 gelten. Diese sehen für Unternehmen, die ein Compliance-Programm mit Verhaltenskodex und/oder Business-Ethik-Schulungen nachweisen können, einen Strafnachlass vor. In Deutschland wurden mit dem Wertpapierhandelsgesetz von 1994 erstmals Compliance-Anforderungen zur Verhinderung von Insidergeschäften gesetzlich vorgeschrieben. Die Corporate-Governance-Kommission (Cromme-Kommission) hat Compliance dann 2001 offiziell für den Industrie- und Dienstleistungsbereich eingeführt. Mit dem Prüfungsstandard PS 980 des Instituts der Wirtschaftsprüfer und dem Entwurf der neuen ISO-Norm 19600 „Leitfaden für Compliance-Managementsysteme" stehen jetzt international anerkannte prüf- und zertifizierungsfähige organisatorische Qualitätsstandards zur Verfügung, die Compliance und die damit verbundenen Organisationspflichten näher beschreiben.

Letzteres klingt zunächst eher harmlos nach dem Motto „Noch ein Prüfungsstandard? Papier ist geduldig", gewinnt jedoch vor dem Hintergrund des Straf- und Ordnungswidrigkeitenrechts spürbare Bedeutung.

In Deutschland können mittlerweile auch Führungskräfte, die an strafbaren Handlungen nicht unmittelbar operativ beteiligt waren, hierfür aufgrund von Unterlassungen und ihrer Verantwortung für Organisationsstrukturen bestraft werden (mittelbare Täterschaft, Garantenstellung und Unterlassung, Anstiftung und psychische Beihilfe). Spätestens seit der Siemens-Affäre ist dabei klar, dass ein ausgefeiltes Richtlinienwesen die Führungsebene nicht entlastet, sondern diese für die operative Umsetzung der vorgesehenen Maßnahmen sorgen muss.

Insbesondere gilt dieser Grundsatz im Ordnungswidrigkeitenrecht. Im Falle einer Verletzung von Aufsichts- und Kontrollpflichten der Geschäftsleitung besteht die Möglichkeit zur Verhängung von Bußgeldern bis zu 1 Mio. EUR bzw. 10 Mio. EUR (ggf. auch höher), zur Mehrerlös- und Vorteilsabschöpfung und zur Eintragung in das Gewerbezentral und Korruptionsregister. Damit haben OWiG-Sanktionen eine Bedeutung erlangt, die „echten" Strafen gleichkommt. Zumal die Öffentlichkeit bei einer Anklageerhebung kaum zwischen dem Vorwurf einer Straftat und einer Ordnungswidrigkeit unterscheidet.

Der PS 980 und die ISO 19600 mit der Forderung bzw. Emp-
fehlung eines Compliance-Management-Systems dürften
künftig als Mindestanforderungen herangezogen werden, die
erfüllt sein müssen, um ggf. den Vorwurf der Verletzung von
Geschäftsleitungspflichten widerlegen zu können. Ob es sich
um einen Prüfungsstandard, einen ISO-Entwurf oder eine
ISO-Norm handelt, wird dabei schon deshalb keine Rolle
spielen, weil Behörden und Rechtsprechung sich um solche
Details im Ernstfall kaum kümmern dürften.

Mit dieser Entwicklung steht Deutschland nicht allein. In
Bezug auf Korruptionsprävention sehen der US Foreign Cor-
rupt Practices Act (FCPA) und der UK Bribery Act organisatorische Sorgfaltspflichten des Unternehmens vor. In Italien
besteht mit dem Compliance-Gesetz (Legge di Ontologia)
eine noch sehr viel weitergehende allgemeine Organisations-
verpflichtung der Geschäftsleitung. Die Diskussion um die
Einführung eines Verbandsstrafrechts in Deutschland wird
dieser Entwicklung weiteren Vorschub leisten. Der Entwurf
des Landes Nordrhein-Westfalen wird zwar von weiten Teilen
der Wirtschaft abgelehnt. Allerdings wird dabei erklärt, dass
die Sanktionsmöglichkeiten nach dem Ordnungswidrigkeitenrecht ausreichen und zielgenauer seien. Mit einer Fortent-
wicklung der Sanktionsmöglichkeiten nach dem OWiG ist also
zu rechnen, wie auch immer die Diskussion um das Verbands-
strafrecht ausgehen wird.

Hinzu kommt, dass neue Spezialregelungen unter Rückgriff
auf europäische Regelungsmuster fachbezogene Compliance-
Management-Systeme fordern oder verschuldensunabhängi-

ge, allein risikobedingte Haftungssituationen von Unternehmen schaffen. Dies lässt sich etwa beobachten beim Zugelassenen Wirtschaftsbeteiligten im Zollverfahren (Authorized Ecocnomic Operator, AEO), dem sicheren Luftfrachtversender oder der Ausfallhaftung des Auftraggebers für Vergütungsansprüche der Beschäftigten seines Subunternehmers. In Rechtsordnungen, die davon ausgehen müssen, dass Unternehmen sich eher nicht an Gesetze halten, liegt es auf der Hand, dem Unternehmer die Beweislast aufzuerlegen, wenn Sachverhalte vorliegen, die auf die Nichtbeachtung gesetzlicher Vorgaben hinweisen. Wir haben den Eindruck, dass sich deutsche Unternehmen auch insoweit auf eine „Europäisierung" einstellen müssen.

ISO 19600 – Richtlinien für ein Compliance-Management-System

Der im Sommer 2014 veröffentliche Entwurf der ISO 19600 empfiehlt Unternehmen, ein Compliance-Management-System einzurichten und legt hierfür international einheitliche Rahmenbedingungen fest. Dabei ist der Entwurf bewusst „nur" als Richtlinie und noch nicht als Norm mit verbindlichen, ISO-förmlich zertifizierungsfähigen Anforderungen ausgestaltet, wie das etwa für die ISO 9001 zum Qualitätsmanagement zutrifft. Das klingt auf den ersten Blick nicht spektakulär. In Verbindung mit der Entwicklung des Haftungsrechts für Unternehmer und Führungskräfte bei Verletzung von Aufsichtspflichten wird es eine erhebliche Bedeutung entwickeln.

Integration von Fachthemen und Spezialprozessen

Inhaltlich stimmt der Entwurf weitgehend mit dem Prüfungsstandard 980 des Instituts der Wirtschaftsprüfer überein. Allerdings ist er etwas stärker operativ ausgerichtet. In Über-
einstimmung mit dem Stichwort „Rechtskonformität" ist
konsequenterweise ein weiter Compliance-Begriff zugrunde
gelegt. Dieser erfasst über die klassischen Themen hinaus, wie
z.B. Diskriminierung, Interessenkonflikte, Geschenke und Einladungen, Korruption zumindest alle straf- und bußgeldbewehrten Vorschriften. Das bedeutet, dass jetzt Fachthemen
wie Datenschutz, Informationssicherheit, Exportkontrolle, Arbeitssicherheit, Umweltschutz usw. in das Compliance-Management-System einzubeziehen sind, die besondere Fach-
kenntnisse und -prozesse voraussetzen. Diese wurden von den
Compliance-Generalisten bisher vor allem unter dem Blick-
winkel des Ordnungswidrigkeitenrechts und deshalb eher mit
Zurückhaltung betrachtet.

Ferner kommen Integrität und Redlichkeit, d.h. angemessenes
Verhalten unabhängig von gesetzlichen Regelungen, ausdrücklich wieder zu Ehren.

Diese Gesichtspunkte waren in Folge der Compliance-Definition der
Deutschen Corporate Governance Kommission – Einhaltung externer und
interner Regelungen und Prinzipien – leider etwas in den Hintergrund
getreten. Auf dem Gebiet der HR-Compliance hatte das bekanntlich dazu
geführt, dass die Präsidentin des Bundesarbeitsgerichts die Ehre des
redlichen Kaufmanns zitierte und die Bundeskanzlerin sinngemäß äußer-
te: „Wer bestehende Regelungen ausreizt, darf sich nicht wundern, wenn
wir neue machen.".

Entscheidend für die Bedeutung, die der Entwurf der ISO 19600 schon jetzt hat, ist aber die Entwicklung im Straf- und Ordnungswidrigkeitenrecht. Auch Führungskräfte, die an straf- oder bußgeldbewehrten Rechtsverletzungen im Unternehmen nicht unmittelbar operativ beteiligt sind, können heute hierfür aufgrund ihrer Verantwortung für Organisationsstrukturen, Aufsicht und Kontrolle persönlich zur Verantwortung gezogen werden. Daneben können Bußen und Mehrerlös- oder Vorteilsabschöpfung gegen das Unternehmen selbst verhängt werden. Spätestens seit der Siemens-Affäre ist klar, dass ein ausgefeiltes Richtlinienwesen die Führungsebene eines Unternehmens nicht entlastet, sondern es auf die operative Umsetzung der vorgesehenen Maßnahmen ankommt. Diese Ausgangslage hat sich durch die Diskussion um die Einführung eines Verbandsstrafrechts noch verschärft.

ISO 19600 als Messlatte

Wenn künftig im Rahmen behördlicher Ermittlungs- oder zivilrechtlicher Haftungsverfahren die Frage zu beantworten ist, ob Führungskräfte ihrer Aufsichts- und Kontrollpflicht ausreichend nachgekommen sind, ist daher damit zu rechnen, dass die Standard-Empfehlung aus ISO 19600 als Messlatte herangezogen wird. Diese muss erfüllt sein, um den Vorwurf nicht ordnungsgemäßer Erfüllung der Geschäftsleiterpflichten widerlegen zu können.

Ob es sich um einen Prüfungsstandard, eine ISO-Richtlinie oder eine ISO-Norm handelt, wird dabei schon deshalb keine entscheidende Rolle spielen, weil Rechtsprechung und Behörden sich um solche Details im Ernstfall kaum kümmern dürften. Unternehmer tun deshalb gut daran, sich bereits jetzt auf ein risikoangemessenes, praktikables Compliance-Management-System einzulassen, das den Anforderungen der ISO 19600 genügt.

Die öffentliche Meinung: Schuld-vermutung statt Unschuldsvermutung

Die rechtliche Entwicklung wird durch die Reaktionsbereitschaft der Öffentlichkeit unterstrichen. Öffentlich geförderte Verbraucherschutzeinrichtungen fungieren bei Vorwürfen mit Auswirkungen auf Verbraucher oder Arbeitsverhältnisse als Pranger. Unternehmen konnten sich bei Vorwürfen früher auf langwierige Auseinandersetzungen unter Experten einrichten. Heute müssen sie mit Reaktionen in sozialen Netzwerken oder den Medien rechnen. Diese können vorurteilsbeladen sein, verkehren die rechtsstaatliche Unschuldsvermutung in eine Schuldvermutung und haben für entlastende Ausführungen im Detail keine Zeit.

Dabei kommt es für die Intensität der Reaktion entscheidend auf die Nähe des Vorwurfs zum Markenkern an. So haben selbst massive Korruptionsfälle dem Ansehen eines großen deutschen Unternehmens kaum geschadet, wohl aber die aggressive Fahrweise eines Testfahrers, die zum Tod eines Kindes beigetragen hatte. Gleiches lässt sich beobachten, wenn man die Reaktion der Öffentlichkeit auf Kartellfälle mit hohen Bußgeldern einerseits und auf Vorwürfe gegen Missstände im Produktionsbereich oder beim Personaleinsatz andererseits vergleicht. Wie die jüngsten Fälle zu prekären

Arbeitsverhältnissen zeigen, unterscheidet die Öffentlichkeit offenbar auch nicht zwischen unrechtmäßigem und bloß „unredlichem" Verhalten. Hinweise, man habe rechtlich doch alles genau geregelt, können daher in der Außenwahrnehmung eher belasten als entlasten. Auch unter Öffentlichkeitsgesichtspunkten bestätigt sich, dass Compliance holistisch verstanden werden muss, d.h. das gesamte Spektrum straf- oder bußgeldbewehrter Vorschriften und die entsprechenden Themenfelder im Vorfeld rechtlicher Regelungen einbeziehen sollte.

Warum die Entwicklung weitergehen wird

Im Grunde genommen zeichnet sich in Bezug auf das rechtskonforme und redliche Verhalten von Unternehmen eine Entwicklung ab, wie sie für die Produkt- und Leistungsqualität unter dem Stichwort „Qualitätsmanagement" bereits stattgefunden hat. Alles deutet darauf hin, dass sich diese Entwicklung fortsetzen wird. Hierfür sorgen nicht zuletzt Faktoren, die in der Entwicklung unserer Gesellschaft und Wirtschaftsordnung selbst liegen:

- In einer hochvernetzten, arbeitsteiligen Wirtschaftswelt, die auch geografisch und kommunikativ enger zusammengerückt ist, kann das Fehlverhalten einzelner Teilnehmer schnell die Interessen anderer Beteiligter berühren. Produkte und Dienstleistungen werden vom Verbraucher als Gemeinschaftsleistungen in einer Wertschöpfungskette unter Regie des Markenartiklers empfunden. Sie verlieren an Wert, wenn diese Kette mit Makeln behaftet ist.

- Wir haben es in Deutschland in weiten Teilen mit einer wohlhabenden, alternden Gesellschaft zu tun. Junge Gesellschaften betonen die Teilnahme am Wachstum. Rechtsverstöße, Unredlichkeiten und negative Folgen des Wachstums werden eher als Kollateralschaden hingenommen. Wohlhabende, alternde Gesellschaften messen demgegenüber Bestandssicherung und Schutz vor Verletzungen durch Regeltreue, Fairness und Werteorientierung größere Bedeutung zu.

- Das schlägt auch auf die Jugend durch, die als Arbeitnehmer oder Verbraucher Ihre besondere Aufmerksamkeit genießen.

Wer diese Entwicklung verpasst, wird über kurz oder lang rechtliche Probleme bekommen und seine Beziehungen zu Kunden und Geschäftspartnern belasten.

Ihr Ruf, Ihr Geld und Ihre Existenz stehen auf dem Spiel

Kurzum: Bei Compliance-Verstößen kann es sehr schnell um Ihren Ruf, Ihr Geld und Ihre Existenz gehen, selbst und gerade dann, wenn Sie persönlich keine unmittelbare operative Verantwortung trifft.

Bei einer Verletzung Ihrer Aufsichtspflicht als Unternehmer, Geschäftsführer oder Delegationsempfänger der Geschäftsleitung können Sie persönlich mit einem Bußgeld bis zu 1 Mio. EUR bestraft werden. Dazu reicht ggf. schon der Nachweis aus, dass Sie nicht dafür gesorgt haben, in Ihrem Verantwortungsbereich dem Risiko angemessene Vorsichtsmaßnahmen entgegenzusetzen, die das ordnungswidrige Verhalten anderer hätten verhindern können. Ein sinnvoll ausgedachtes, dem Risiko angemessenes und praktiziertes Compliance-Management-System kann Sie vor solchen Vorwürfen schützen und ist hierzu notwendig.

Eine persönliche Ordnungswidrigkeit nach § 130 OWiG induziert in der Regel auch eine Verletzung der Geschäftsleiterpflichten zur ordnungsgemäßen Geschäftsführung nach § 76 AktG, § 91 Abs. 2 AktG und § 93 AktG bzw. § 43 GmbHG. Das verpflichtet Sie zum Ersatz der Vermögensschäden, die dem Unternehmen durch die fehlerhafte Wahrnehmung Ihrer Aufsichtspflicht entstanden sind. Hierbei geht es nicht nur um Strafen oder Bußgelder oder entgangenen Gewinn aus abgebrochenen Geschäftsbeziehungen. Allein die Kosten einer freiwilligen Untersuchung durch Rechtsanwälte, Wirtschaftsprüfer oder Compliance-Berater, die Ihr Unternehmen einleitet, um einen Korruptionsverdacht aufzuklären, können spätere Straf- oder Bußgeldzahlungen weit übersteigen.

> Im Ernstfall stehen Sie grundsätzlich allein. Ihre Vorgesetzten oder Unternehmensorgane mit Aufsichtsfunktion müssen Sie persönlich in Regress nehmen, damit sie nicht selbst in Regress genommen werden können.

Sinnvoll ist es daher,

- Vermögensschadenshaftpflichtversicherungen (sog. D & O-Versicherungen) und Strafrechtsschutzversicherungen für führende Mitarbeiter abzuschließen oder

- vertraglich vorzusehen, dass das Unternehmen ggf. Ihre Verteidigungskosten in Bußgeld- und Strafverfahren übernimmt und für Bußgelder aufkommt.

Strafen darf Ihr Unternehmen nicht übernehmen. D & O-Versicherungen führen wiederum vermehrt zu Haftungsansprüchen gegen Manager, weil Unternehmen immer wieder versuchen, ihre Vermögensschadenshaftpflichtversicherung an negativen wirtschaftlichen Ergebnissen zu beteiligen – einfacher ausgedrückt: also möglichst viel aus ihren Prämienzahlungen herauszuholen.

Daneben müssen Sie mit erheblichen Schäden für Ruf und Karriere rechnen, wenn Ihnen eine persönliche Verwicklung in Compliance-Störfälle zur Last gelegt werden kann. Vielleicht kennen Sie die Frage, wie Sie als Unternehmer oder Führungskraft am besten in die nationalen Nachrichten kommen. Die Antwort ist kurz und bösartig: mit einem Korruptionsverdachtsfall oder wegen persönlicher Interessenskonflikte. Wie bereits gesagt: Managementfehlverhalten ist für Wirtschaftsmedien so attraktiv wie königliche Hochzeiten für die Boulevardpresse. Entscheidend ist der Neuigkeits-, nicht der Nachrichtenwert. Der Verdacht reicht aus. Über die spätere Einstellung von Ermittlungsverfahren wird dann unter „ferner liefen" berichtet.

Unternehmen fühlen sich zudem in Compliance-Krisenfällen häufig relativ schnell veranlasst, die Verantwortung einzelnen Führungskräften zuzuschieben, um sich dann von diesen zu trennen und so zukunftsgerichtet die Aussage zu bestätigen:

„Der Einzelne mag fehlen. Das ist nie auszuschließen. Das Unternehmen aber nicht!"

Geldstrafen für Unternehmen und Gewinnabschöpfung nach dem Bruttoprinzip

Im Falle von Regelverstößen, die bei ordnungsgemäßer Ausübung der unternehmerischen Aufsichts- und Organisationspflichten hätten vermieden werden können, können auch gegen das Unternehmen selbst Geldbußen verhängt werden. Zudem kann der finanzielle Vorteil abgeschöpft werden, den das Unternehmen aus dem rechtswidrigen Verhalten gezogen hat. Geldbußen können im Regelfall bis zu 10 Mio. EUR betragen und sogar darüber hinausgehen.

Bei der Mehrerlös- und Vorteilsabschöpfung gilt das sog. Bruttoprinzip. Abgeschöpft werden Umsatzerlöse ohne Berücksichtigung der hierfür erforderlichen Aufwände. Bei Kartellverstößen sind Bußgelder und Mehrerlös- und Vorteilsabschöpfung in mehrfacher Millionenhöhe fast schon üblich geworden. Wir sehen mittlerweile auch in Deutschland deutliche Hinweise auf eine sog. „Deal"-Praxis. Dabei handelt es sich um Ermittlungs- oder Anklageverfahren, die gegen Geldzahlung eingestellt werden, weil das beschuldigte Unternehmen auf eine genaue Erörterung der erhobenen Vorwürfe lieber verzichtet. Wer kein Compliance-Management-System vorzuweisen hat, mit dem er einen gegen das Unternehmen gerichteten Anfangsverdacht entkräften kann, hat im Fall der Fälle dann eine offene Flanke.

Großkunden geben den Compliance-Druck im Markt weiter

Geschäftspartner achten bei ihren Zulieferern und Service- oder Vertriebspartnern zunehmend auf Compliance-Standards. Der Compliance-Druck wird in der Wertschöpfungskette von oben nach unten weitergegeben. Wer keine eigenen Compliance-Maßnahmen vorzeigen kann, muss sich den Compliance-Regeln des Kunden unterwerfen – oder er wird das Geschäft verlieren. In der Theorie bestanden solche Anforderungen schon seit Jahren. In der Praxis werden Nachfragen und Prüfungen jetzt konkreter: Fragen nach der operativen Wirklichkeit können nicht mehr einfach mit dem Hinweis auf gute Absichten oder abstrakte Regelwerke beantwortet werden.

Wirtschaftliche Schäden als Folge negativer Reaktionen von Öffentlichkeit und Kunden auf Compliance-Probleme haben wir bereits angesprochen. In kleineren Schritten, aber im Ergebnis ähnlich negativ dürften sich die Nachteile auswirken, wenn Behörden, Geschäftspartner und Kunden nicht mehr auf die Rechtstreue und Redlichkeit Ihres Unternehmens vertrauen. Hierzu braucht es keine spektakulären Einzelfälle. Ein aus dem täglichen Umgang miteinander gewachsenes Misstrauen gegenüber der Compliance-Kultur Ihres Unternehmens reicht aus. Das Gleiche gilt im Übrigen auch nach innen – im Verhältnis zu Ihren Mitarbeitern, Vorgesetzten, Aufsichtsorganen oder Kapitalgebern.

Das Entdeckungsrisiko steigt

Wer unternehmerische Verantwortung trägt, ist gewohnt, mit Risiken umzugehen und auf sein „richtiges Händchen" zu vertrauen. Sie werden deshalb jetzt vielleicht sagen: „Alles richtig. Aber müssen wir jetzt schon reagieren? Und mit welcher Intensität? Lasst uns diese Brücke überqueren, wenn wir dahin kommen!" Mit dieser Einschätzung liegen Sie – bei entsprechender Risikobereitschaft – nicht ganz falsch. In der Mehrzahl der Fälle kommen Unternehmen bei Gesetzesverletzungen oder unredlichem Verhalten immer noch ungeschoren davon. So spektakulär einzelne Pressemeldungen auch sein mögen, sie betreffen, aufs Ganze betrachtet, nach wie vor eben doch nur Einzelfälle. Sie sollten allerdings Entwicklungskraft und -geschwindigkeit des Compliance-Risikopotenzials nicht unterschätzen.

Ein Beispiel aus der Korruptionsbekämpfung: Heute wird die Mehrzahl von Korruptionsfällen durch die normale Betriebsprüfung aufgedeckt. Während früher Scheinrechnungen grundsätzlich nur auffielen, wenn man bei Stichproben auf einen entsprechenden Beleg stieß, werden Rechnungen jetzt im Wege des digitalen Datenabgleichs erfasst und mit Empfängerkonten verglichen. Über die zentrale Kontenerfassung bei der Financial Intelligence Unit können Behörden sich leicht einen Überblick über alle Konten bei Kreditinstituten im Inland verschaffen. Korruptionszahlungen haben in Ausführung und Empfängerstruktur ähnliche Muster wie Geldwäschezahlungen und werden daher grenzüberschreitend erfasst. Mithilfe quantitativer Prüfsysteme, wie etwa der

Benfordschen Zahl, können prüfwürdige Vorgänge schnell ausgefiltert werden.

Bis vor einigen Jahren galt das Kartellrecht als Domäne juristischer Spezialisten, an die Compliance in aller Regel nicht herangelassen wurde. Heute gehören kartellrechtliche Präventivmaßnahmen zum Kernrepertoire des Compliance-Beauftragten. Warum? Mit der Einführung sog. Bonus-regelungen oder Leniency-Programme auf EU- und nationaler Ebene seit 1996 hat sich das Entdeckungsrisiko drastisch erhöht. Danach gilt: Wer als erster entscheidende Hinweise auf einen Wettbewerbsverstoß gibt, wird in der Regel von staatlichen Sanktionen verschont. Alle anderen werden bestraft.

Ein weiteres Beispiel: In der Stellenanzeige eines Bundeslandes aus 2014 werden Fachkräfte für das Thema Scheinselbstständigkeit gesucht. Warum wohl? Für staatliche Behörden werden sich OWiG-Ermittlungsverfahren, die gegen Geldbuße eingestellt werden, zu einer eigenen Finanzierungsquelle entwickeln. Das erleichtert die Einrichtung der hierzu erforderlichen Planstellen.

Schließlich: Fernsehberichte über gesellschaftlich nicht als konform empfundene Unternehmenspraktiken. Wie die Enthüllungsstaffeln von Günther Wallraff bei RTL zeigen, hat der Enthüllungsjournalismus mittlerweile seinen Weg aus dem Kreis grundsätzlich fachorientierter Magazine des öffentlich-rechtlichen Fernsehens hin zum Info-Unterhaltungsformat privater Fernsehsender gefunden.

Das Bessere ist der Feind des Guten

Das lässt sich mit einer Altbausanierung vergleichen: Zunächst meint man, so wie es ist, könne es noch eine Weile gehen. Wenn die Nachbarn einmal mit der Modernisierung begonnen haben, wird der Veränderungsbedarf aber schnell spürbar.

Sie können

a) nichts tun und abwarten, bis etwas passiert oder

b) rechtzeitig angemessene Compliance-Maßnahmen umsetzen.

Lösung a) ist einfach, kann im Krisenfall aber teuer zu stehen bekommen. Wir empfehlen Lösung b) und beschreiben im Folgenden, wie Sie den Compliance-Ansprüchen in praktikabler Weise genügen können.

Compliance-Management-System

Ihr Unternehmen braucht ein vorzeigbares Compliance-Management-System, d.h. aufbau- und ablauforganisatorische Maßnahmen und Regelprozesse, die dazu geeignet sind, das Risiko der Verletzung straf- und bußgeldbewehrter Vorschriften zu reduzieren und als Beleg für die ordnungsgemäße Wahrnehmung der Aufsichts- und Kontrollpflichten der Geschäftsleitung dienen.

Anforderungen und Herausforderungen

Ein Compliance-Management-System (CMS) setzt eine vernünftige Unternehmensorganisation voraus. Wer sich über eine vernünftige Funktionstrennung, das Vier-Augenprinzip oder Qualitätssicherung noch keine Gedanken gemacht hat, sollte sich zunächst darum kümmern.

Ein CMS muss zur Einbeziehung der Risiken aus straf- und bußgeldbewehrten Vorschriften eine Reihe ganz unterschiedlicher Funktionen und Verfahren erfassen

Die vorherrschenden CMS-Vorgaben spiegeln Anforderungen an Großunternehmen wider. Für mittelständische Unternehmen können diese so schon aus Budgetgründen kaum umgesetzt werden (z. B. eigene Stabsstelle Risikomanagement oder Revision).

Hinzu kommt der menschliche Faktor:

- Compliance-Verstöße beruhen in der Regel nicht auf Unkenntnis. Das wird zwar immer wieder behauptet, weil bequem, und trifft in Einzelfällen auch zu. So kann z. B. mangelnde Kenntnis im Spiel sein, wenn Sie mit neuen rechtlichen Anforderungen konfrontiert oder in neuen Märkten aktiv werden. Möglicherweise wird auch die Bedeutung interner Prozesse unterschätzt, wie etwa bei den Aufgaben interner Dienste für die Korruptionsprävention und die Verhinderung von Geldwäsche.

- In aller Regel geht es aber eher darum, dass man rechtliche Anforderungen nicht ernst nimmt oder über Unredlichkeiten hinwegsieht, weil andere Probleme mit unmittelbar drängender Wirkung im Vordergrund stehen.

- In einer Reihe von Fällen geht es schließlich um eine bewusste Regelmissachtung durch Führungskräfte und Mitarbeiter.

Hierin unterscheiden sich Compliance-Prozesse grundlegend von Qualitätsmanagement-Prozessen. Während man beim Qualitätsmanagement von einem übereinstimmenden Interesse der Beteiligten und direktem Fehler-Feedback ausgehen kann – natürlich gibt es auch hier Ausnahmen –, muss man sich bei Compliance-Verstößen auf ein großes Dunkelfeld und auf zielgerichtet regelwidriges Verhalten einstellen. Wir sprechen in diesem Zusammenhang höflich von „Submilieus mit abweichenden Wertungen".

Regelprozesse allein reichen daher nicht aus. Mit entscheidend ist die Reaktionsbereitschaft des CMS in Sonder- und Störfällen.

- Welche Befugnisse hat der Compliance-Beauftragte, Compliance-widrige Vorgänge aufzuklären oder ermitteln zu lassen?

- Wer ist an der Festlegung von arbeitsrechtlichen Sanktionen bei Fehlverhalten beteiligt?

- Wie schnell reagiert das Unternehmen auf Vorwürfe?

- Können Mitarbeiter Schwachstellen oder Verdachtsfälle melden, ohne Gefahr zu laufen, Repressalien ausgesetzt zu sein?

- Welche Beratungsmöglichkeiten stehen zur Verfügung, damit aus kleinen Fehlern keine großen werden?

Hierin liegt auch die Bedeutung von Compliance-Kultur im Sinne einer tatsächlichen Ausrichtung des täglichen Arbeitsumfelds. Gerade bei eigentümergeführten oder kleineren Unternehmen kommt es insoweit entscheidend auf Ihr Vorbild als Führungskraft an.

Sie haben schon mehr, als Sie glauben

Wenn wir Sie überzeugt haben, nachstehend einige Überlegungen, die Sie beachten sollten, damit Sie das Richtige tun (bzw. lassen) anstatt das Falsche zu optimieren.

Sie haben bereits mehr, als Sie glauben. Es geht nicht darum, neue Funktionen zu erfinden.

- Welche Fachverantwortlichen und -prozesse sorgen schon jetzt für die Einhaltung gesetzlicher Anforderungen?
- Wer kümmert sich bereits um Fairness und Redlichkeit im Unternehmen?
- Führen diese Verfahren zu den erforderlichen Ergebnissen oder haben sie Schwachstellen, die Risiken bergen?

Wenn es gelingt, die Aktivitäten Ihres Unternehmens, die Rechtskonformität und Redlichkeit unterstützen, im Rahmen des Compliance-Management-Systems zu bündeln und vorzeigbar zu machen, haben Sie schon fast gewonnen. Ein CMS wird dann auch für mittelständische Unternehmen möglich.

Das ist allerdings kein triviales Thema! In Ihrem Unternehmen dürfte es einige Platzhirsche geben, die den Compliance-Manager im Stolz auf die eigene Leistung zunächst als jemanden betrachten, der die eigenen Kreise und das eingespielte Rollenverständnis stören könnte.

Einbeziehung von existierenden Spezialnormen

Hinzu kommt, dass zusätzlich zu den klassischen Compliance-Themen, wie Verhaltenskodex, Diskriminierungsverbot, Vermeidung von Korruption und Kartellverstöße, eine ganze Reihe von Spezialnormen nebst zugehörigen Prozessen in das CMS einbezogen werden müssen, für die im Unternehmen gesonderte Themenverantwortliche oder Beauftragte bestellt sind (z. B. Arbeitssicherheit, Brandschutz, Datenschutz, IT-Sicherheit, Umweltschutz, Abwasserschutz und Abfallbeseitigung, Luftfracht, Verzollung, Export-und Importkontrolle, Qualitätsmanagement).

Es wäre falsch, wenn man unter der Compliance-Flagge in solche Spezialprozesse und -verantwortlichkeiten eingreifen wollte. Hierzu wird es bei den für Compliance Verantwortlichen in der Regel schon an der erforderlichen Sachkenntnis fehlen. Aufgabe des Compliance-Managements ist es vielmehr, die vorhandenen Fachkompetenzen und Prozesse im Unternehmen im CMS zu bündeln und dort, wo notwendig, zu unterstützen. Hierzu ist einerseits eine vernünftige Koordination des Compliance-Managers mit den Fachverantwortlichen erforderlich. Andererseits muss ein ergebnisorientiertes

Qualitätsmanagement der Unterstützungs- und Fachprozesse des Unternehmens dafür sorgen, dass Schwachstellen und Ergänzungsbedarf rechtzeitig erkannt werden.

Wer eine überbordende Compliance-Bürokratie verhindern will, sollte ferner darauf achten, dass möglichst wenige Doppelungen zwischen neuen Compliance-Regeln und bereits bestehenden Mitarbeitervorgaben eintreten. Daher sollten grundsätzlich normale Compliance-Risiken durch die im Unternehmen bereits eingerichteten Standardprozesse und Weisungen abgedeckt werden. Zusätzliche Compliance-eigene Prozesse sollten Aufgaben dienen, die von den Normalprozessen nicht erfasst werden. Ergänzend können sie für Risikosituationen vorgesehen werden, die in den Standardprozessen wegen ihrer Neuartigkeit noch nicht ausreichend berücksichtigt werden konnten oder diese überfordern.

Originäre Compliance-Prozesse

Nachstehend einige Beispiele für Compliance-eigene Prozesse: Verfahren für anonyme Hinweise oder Anfragen, Bearbeitung und Dokumentation von Compliance-Vorgängen (Case-Reporting- und Case-Management-Systeme) oder Compliance-veranlasste Dienstleistungen, wie die Bearbeitung von Embargo- und Terrorismuskontrollen.

Dagegen sollte etwa das Verfahren zur Lieferantenauswahl grundsätzlich beim Einkauf liegen und durch Compliance-bezogene Fragestellungen ergänzt werden. Für Dienstleister und Geschäftspartner mit besonderem Korruptionsrisiko (Intermediäre in korruptionsgefährdenden Ländern, hoher Staatsanteil der Kundschaft) können dann besondere Compliance-Prüfungen in eigener Verantwortung der Compliance-Funktion eingerichtet werden.

Finden Sie den richtigen Rhythmus und Zeitrahmen für Ihre Compliance-Maßnahmen. Zunächst geht es darum, den angemessenen aufbau- und ablauforganisatorischen Rahmen für ein vorzeigbares Compliance-Management-System zu schaffen und offenkundigen Missständen abzuhelfen. Auf dieser Basis können Sie dann auf weitere Risiken und Störfallmeldungen reagieren.

Versuchen Sie nicht, den Compliance-Musterschüler zu spielen oder mit Ihren Compliance-Anstrengungen zu werben. Wenn Sie in eine Compliance-Krise hineingeschlittert sind und Besserung nachweisen müssen, kann das notwendig werden. Für den Normalfall empfehlen wir Zurückhaltung. Sie kennen das noch aus der Schulzeit: Die Rolle des Klassenprimus wird nur selten belohnt und kann bei Störfällen zu besonders harschen Reaktionen führen.

Denken Sie bitte daran: Einmal getroffene Compliance-Maßnahmen sind nur schwer rückgängig zu machen, selbst wenn sie sich im Lichte genauerer Erfahrung als nicht erforderlich erweisen sollten. Entscheidend ist Ihr glaubhaftes, zielgerichtetes Bemühen.

Lassen Sie sich und Ihren Mitarbeitern daher von vornherein Raum für Verbesserungen im Detail. Wir nennen das auf Neu-Deutsch ein dynamisches, Feedback-orientiertes CMS-System.

Konzept, Aufbauorganisation und Prozessarchitektur

Ein Compliance-Management-System kann in Konzept, Aufbauorganisation und Prozessarchitektur etwa wie folgt aussehen:

Compliance-Management-System (CMS) (Design auf Makroebene)
Risikoprofil
Compliance Scoping (Ziel- und Zwecksetzung)
Compliance-Aufbauorganisation
<ul><li>Compliance-Beauftragter ⇒ Compliance-Delegierte in der Fläche</li><li>Besondere Funktionsträger + Themenverantwortliche</li><li>Gesetzlich Beauftragte</li><li>Fachverantwortliche in der Linie</li><li>Zentralisierte, dezentrale oder gemischte Organisation</li><li>Pflichtendelegation</li><li>Compliance-eigene Prozesse</li><li>Prozesse von Unterstützungsfunktionen</li><li>Produktions- oder dienstleistungsbezogene Fachprozesse</li><li>Steuerung und Koordination</li></ul>

Zielsetzung und Umfang (Scoping)

Aufgrund des **Risikoprofils** Ihres Unternehmens ist zunächst festzulegen, welche besonderen Themen Compliance umfassen soll und welche Funktionen dementsprechend in das Compliance-Management-System einzubeziehen sind. Mögliche Compliance-Themengebiete sind in Hinblick auf die Gefahr der Verletzung straf- oder bußgeldbewehrter Normen oder besondere Reputations- oder Vermögensschadensrisiken etwa:

- Arbeitnehmerschutz,
- Arbeitssicherheit,
- Auswahl von Geschäftspartnern,
- Brandschutz,
- Datenschutz,
- Export- und Importkontrolle,
- Geldwäscheprävention,
- Gesundheitsschutz,
- Korruptionsprävention,
- Luftfrachtsicherheit,
- Geldwäscheprävention,
- Einsatz von Fremdressourcen (Werk-/Dienstleistungsverträge),
- Produktsicherheit,
- Qualitätsmanagement,
- REACH,
- Vertragsmanagement,

- unlauterer Wettbewerb,
- Umweltschutz,
- Verhinderung von Wirtschaftskriminalität oder
- Zoll (AEO, Zugelassener Wirtschaftsbeteiligter).

Beteiligte und deren Koordination

Das schafft die Grundlage zur Bestimmung der Funktionsträger und Themenverantwortlichen, die eine besondere Rolle für die Compliance-Organisation wahrnehmen sollen.

Die Bestellung eines **Compliance-Beauftragten** ist nach heute herrschender Meinung unerlässlich. Wird kein Compliance-Beauftragter benannt oder erhält dieser keine ausreichenden Aufgaben und Befugnisse, verbleibt die entsprechende Aufgabenstellung bei der Geschäftsleitung. Ob es sinnvoll ist, den Compliance-Beauftragten durch ein Team und/oder Compliance-Delegierte in den Fachabteilungen oder Betriebsstätten zu unterstützen, hängt von der Größe des Unternehmens ab.

Als **weitere Funktionsträger** sollten die für Corporate-Governance-Stabsabteilungen (hier auch Unterstützungsfunktionen genannt) Verantwortlichen in die Compliance-Aufbauorganisation einbezogen werden. Dazu zählen – soweit vorhanden – die Leiter Rechnungswesen, Risikomanagement, Personal, Revision oder Rechtsabteilung. Diese Funktionen spielen für Rechtskonformität und Redlichkeit im Unternehmen eine tragende Rolle.

Bezogen auf ihr jeweiliges Fachgebiet gilt das auch für besondere Themenverantwortliche mit Stabs- oder Linienfunktion, wie z.B. den Exportkontroll-, Zoll- oder Luftfracht-sicherheitsverantwortlichen. Schon hieraus wird deutlich, dass der Kreis der Personen, die wegen ihrer Funktion am CMS mitwirken sollten, zu groß ist, um in praktikabler Weise direkt in der Compliance-Aufbauorganisation berücksichtigt werden zu können.

Dieser Effekt verstärkt sich, wenn man die zahlreichen **Beauftragten** berücksichtigt, die aufgrund **gesetzlicher oder berufsständischer Anforderungen** zu bestellen sind, wie z.B. Datenschutz-, Arbeitssicherheits- und Brandschutz-, Umweltschutz- und Abwasserbeauftragter. In aller Regel sind solche Beauftragten für Aufgabengebiete zuständig, die durch straf- oder bußgeldbewehrte Normen geregelt sind. Nimmt man noch **Linienvorgesetzte mit einem besonders Compliance-exponierten Verantwortungsbereich** hinzu, wie etwa die Leiter Vertrieb und Einkauf, wird der Kreis der Personen, die funktional an einem CMS beteiligt sind, noch größer.

Dementsprechend sollte Ihr CMS über ein Steuerungsgremium verfügen, das alle Beteiligten in koordinierter Weise in das Compliance-Management einbezieht. Natürlich arbeiten die Verantwortlichen gerade in mittelständischen oder eigentümergeführten Unternehmen in vielen Fällen bereits auch ohne förmliche Organisation auf informeller Basis gut zusammen. Zum Nachweis der ordnungsgemäßen Erfüllung der Aufsichts- und Kontrollpflichten aus Geschäftsleitungsicht ist diese Form der Zusammenarbeit aber leider nur bedingt geeignet.

Mit der **RICKO-Gruppe (Risikomanagement- und Compli-ance-Koordinationsgruppe) bzw. dem Compliance Board** haben wir eine Lösung entwickelt, die

- diese Anforderungen in vorzeigbarer Form erfüllt,
- vergleichsweise wenig zusätzlichen Aufwand erfordert und
- einen tatsächlichen Mehrwert für das Unternehmen schafft.

Prozessarchitektur

Was den Rahmen für die Ablauforganisation des CMS angeht, sollte man zwischen

- Compliance-eigenen Prozessen,
- Unterstützungsprozessen und
- produktions- oder dienstleistungsbezogenen Fachprozessen

unterscheiden. Die Prozessarten sind den hierfür jeweils auf-bauorganisatorisch vorgesehenen Verantwortlichen zuzuord-nen, also Compliance-eigene Prozesse dem Compliance-Be-auftragten, Compliance-Unterstützungsprozesse den Leitern der jeweiligen Stabsabteilungen, Fachprozesse den jeweiligen Linienverantwortlichen.

Im Rahmen des Compliance-Management-Systems unterlie-gen nur die Compliance-eigenen Prozesse einer unmittelbaren Ergebniskontrolle und Steuerung. Unterstützungsprozesse werden, wie die Unternehmenskern- oder Fachprozesse, nur in Bezug auf Schwachstellen und Verbesserungsmöglichkei-ten eingebunden. Hierzu berichten die Fachverantwortlichen in den Sitzungen der Risikomanagement- und Compliance-Koordinationsgruppe.

Die gewählte Kategorisierung ist dabei keineswegs zwingend. Bitte verstehen Sie ferner die Bezeichnung „Compliance-Unterstützungsprozesse" nicht als Herabsetzung klassischer Unternehmensfunktionen wie Rechnungswesen, Personal oder Rechtsabteilung, sondern allein der funktionalen Betrachtungsweise in diesem Buch geschuldet.

Pflichtendelegation

Grundvoraussetzung für das Funktionieren eines CMS ist angesichts dieser Rollenvielfalt eine genaue Aufgabenzuweisung. Das hierbei anzuwendende Verfahren ist die *Pflichtendelegation* nach den Vorgaben des Ordnungswidrigkeitenrechts (siehe dazu Kapitel „Pflichtendelegation – mehr als nur eine Formalie"). Das mag auf den ersten Blick übertrieben klingen, denn natürlich sind die wesentlichen Aufgaben in einem gut geführten Unternehmen bereits auf hierfür verantwortliche Führungskräfte verteilt. Das gilt aber eben nur für die Aufgaben, die unternehmerisch als wesentlich empfunden werden. Hierzu gehört in der Unternehmenspraxis nicht notwendigerweise, wer sich im Detail um die Einhaltung straf- oder bußgeldbewehrter Spezialnormen kümmern soll. Wer Erfahrungen mit einer geschäftsfeldbezogenen Matrixorganisation vor dem Hintergrund der hierin einbezogener Tochtergesellschaften oder Betriebsstätten hat, kann ein Lied davon singen.

Zentrale oder dezentrale Compliance-Organisation?

In größeren Unternehmen wird häufig die Frage gestellt: Soll die Compliance-Funktion zentral oder dezentral aufgestellt sein? Unsere Antwort: dezentral, mit den erforderlichen zentralen Elementen.

Zentral, weil für ein erfolgreiches Compliance-Management unternehmenseinheitliche Vorgaben notwendig sind. Zentral, weil der Compliance-Beauftragte oder die Geschäftsleitung im Krisenfall auf lokale Missstände schnell reagieren können sollten.

Dezentral, um die Unterstützung der vor Ort Verantwortlichen gewinnen zu können. Das Wort vom „Durchregieren" dürfte, was Rechtskonformität und Redlichkeit angeht, allenfalls für kleinere eigentümergeführte Unternehmen Gültigkeit haben. Dezentral auch, weil die Verantwortung letztlich bei den Führungskräften und Mitarbeitern „vor Ort" liegen muss.

Das hier vorgeschlagene Aufbau- und Ablaufmodell für ein Compliance-Management-System geht von einer Kombination zentraler und dezentraler Elemente aus. Die zentrale Compliance-Funktion soll im Unternehmen die lokal Verantwortlichen unterstützen und notfalls mit direktem Zugriff auf die Geschäftsleitung für „Ordnung sorgen" können, darf aber die Verantwortung der Führungskräfte vor Ort nicht ersetzen.

Ablauforganisation

Vor diesem Hintergrund ergibt sich für die Ablauforganisation konzeptionell folgendes Bild:

**Compliance-Prozesse
(operative Umsetzung, Kontrolle, Feedback)**

Gefährdungsanalyse

Compliance-Kultur

- Wertemanagement
- Vorbildfunktion Leitung
- Verhaltensleitlinien
- Unterstützende Prozesse Training + Beratung

Ablauforganisation

- Mitarbeiter-Weisungen
- Training + Beratung
- Prozesse
- Ermittlungen
- Konsequenzenmanagement
- Reporting und Dokumentation
- Feedback, Evaluierung
- Steuerung und Koordination
- Weiterentwicklung

Zum Vergleich: Der Entwurf ISO 19600 im Ablaufchart

Dieses Schema entspricht dem (modifzierten) Workflow-Schema für die kommende ISO 19600.

Einrichten

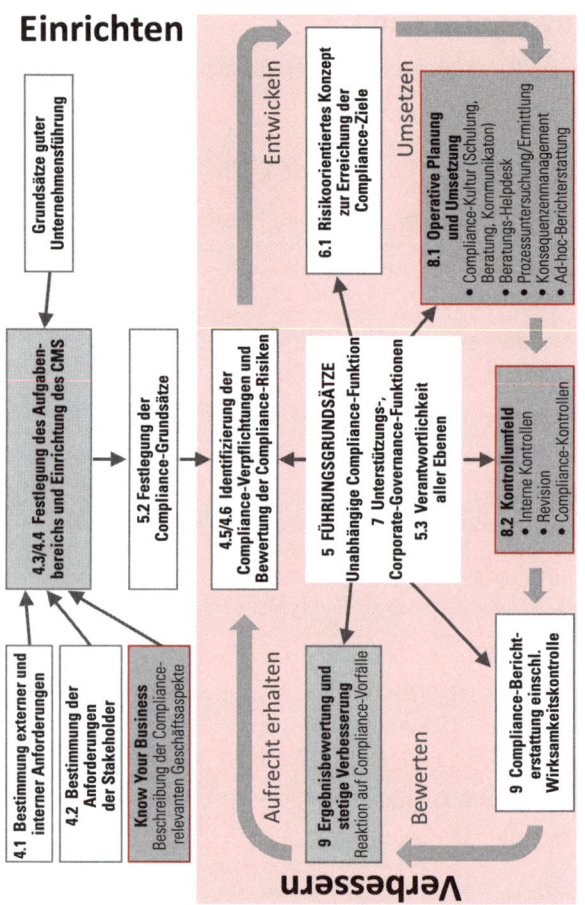

Workflow-Schema ISO 19600 (Grafik entnommen dem Entwurf ISO 19600, Stand Juli 2014, ergänzt und übersetzt durch CompCor)

Compliance-Gefährdungsanalyse

Im Ablauf startet das CMS wie schon die Konzeption mit dem Compliance-Risikoprofil und der Gefährdungsanalyse für das Unternehmen.

Der Wert einer geordneten Bestandsaufnahme

Wer ein Unternehmen längere Zeit führt, kennt in der Regel seine wesentlichen Risiken. Ob man sie in der Bedeutung richtig einordnet, steht auf einem anderen Blatt. Natürlich können für die Kenntnis möglicher Compliance-Risiken auch besondere Kenntnisse erforderlich sein. Das gilt insbesondere für die Fülle straf- oder bußgeldbewehrter arbeits-, sozial-, gesundheits- oder gewerberechtlicher Normen. Zudem finden Rechtsverstöße und Unredlichkeiten typischerweise im Verborgenen statt. Die Erfahrung aus größeren Compliance-Fällen zeigt immer wieder: Die Risikoursachen waren im Unternehmen bereits bekannt; man hat diese aber verdrängt oder nicht darüber sprechen wollen.

Der Wert einer Compliance-Gefährdungsanalyse liegt daher in erster Linie nicht so sehr in der Aufdeckung unbekannter Risiken. Wesentlicher ist, dass die Führungskräfte veranlasst werden, sich in einer geordneten Vorgehensweise genauer mit Sachverhalten in ihrem Verantwortungsbereich zu befassen, die zu Risiken führen können. Solche Themen dürfen nicht als „unproduktive" Aufgaben beiseitegeschoben werden.

Eine gute Compliance-Gefährdungsanalyse beginnt daher mit der Frage nach möglicherweise unter Compliance-Gesichtspunkten erheblichen Sachverhalten. So entsteht ein tatsachenbezogenes Risikoprofil des Unternehmens. Hierzu gehört auch, ob und wie ein Unternehmen seine rechtlichen Pflichten identifizieren und Änderungen rechtzeitig erfassen kann.

Besonderheiten von Compliance-Risiken

Compliance-Risiken sind unter der Rubrik „Operative Risiken – Rechtsrisiken" Teil des allgemeinen Risikomanagementsystems des Unternehmens. Vor diesem Hintergrund weisen sie allerdings einige Besonderheiten auf.

Generell gilt der Grundsatz: Keine Chancen ohne Risiken. Das allgemeine Risikomanagement hat daher zur Aufgabe, Chancen und Risiken unter Abschätzung von Wahrscheinlichkeit, Schadenshöhe und Kosten zu optimieren und mögliche Auswirkungen auf den Unternehmenserfolg einzuschätzen.

> Der staatliche Durchsetzungsanspruch für straf- oder bußgeldbewehrte Normen kennt grundsätzlich keine wirtschaftliche Risikoabwägung, die sich an Eintrittswahrscheinlichkeiten und Folgebewertung orientiert. Wer so vorgeht – und dies durch seine Risikoerfassung und Berichterstattung dokumentiert –, riskiert den Vorwurf, Rechtsverstöße fahrlässig oder wissentlich in Kauf genommen zu haben.

Viele Compliance-Risiken ähneln Katastrophenrisiken. Sie realisieren sich zum Glück so selten, dass Mitarbeiter sinnvollerweise keine eigenen erfahrungsbasierten Eintrittswahrscheinlichkeiten und Folgebewertungen abgeben können. Ferner sind sie häufig mit der persönlichen Verantwortung der zuständigen Führungskräfte verbunden. Das spiegelt sich bei Risikobewertungen im Wege der Selbsteinschätzung wider: Umfeldbedingte, nicht persönlich zuordenbare Risiken werden generell eher hoch eingeschätzt. Das Gleiche gilt für Risiken, die zur Begründung von Budget- oder Personalanforderungen dienen können. Risiken, die auf persönlich zurechenbares Verhalten zurückgehen oder besondere Führungsverantwortung verlangen, werden demgegenüber typischerweise eher niedrig bewertet.

Was bedeutet das für die Risikoerfassung und -beurteilung?

Allgemein gehaltene Selbsteinschätzungsfragebogen, wie etwa die übliche Frage nach den 10 größten Compliance-Risiken, können eine erste Orientierungshilfe geben. Möglicherweise erhöhen sie die Aufmerksamkeit der angesprochen Führungskräfte gegenüber Compliance. Darüber hinaus tragen solche Aktionen zum Aufzeigen von Schwachstellen oder als Grundlage für ein Präventionsmanagement erfahrungsgemäß allerdings nur wenig bei. Sie sollten durch detaillierte Fragen nach risikorelevanten Sachverhalten (Schwachpunkt- oder Risikobiotop-Prüflisten) unterfüttert werden. Das sorgt zugleich dafür, dass Führungskräfte mit den Aussagen behaftet werden können, die sie zu den abgefragten Sachverhalten gemacht haben. Damit wird persönliche Verantwortlichkeit hergestellt, was der Risikoprävention dient.

Eine Visualisierung durch eine farbenfrohe Risiko-Matrix mit der Risikobeurteilung „mittel, möglich, aber nicht ausgeschlossen" ist schön, hilft zu Steuerungszwecken und zum Nachweis Ihrer Sorgfalt aber nicht wirklich weiter. Wenn Sie oder Ihre Führungskräfte ein erhöhtes Compliance-Risiko sehen, sollten generelle Aussagen unterbleiben. Hier sollte in jedem Fall der Compliance-Beauftragte eingeschaltet werden, damit eine genaue Risikobeurteilung erfolgen und Ihnen dann ein Programm für konkrete Abhilfemaßnahmen vorlegt werden kann.

Basis für die Compliance-Risikoanalyse kann die allgemeine Risikoinventur des Unternehmens unter betriebswirtschaftlichen und bilanziellen Gesichtspunkten sein. Vor diesem Hintergrund empfehlen wir allerdings, die Compliance-Risikoanalyse gesondert durchzuführen und dann deren Ergebnisse in die allgemeine Risikoinventur einfließen zu lassen. Wenn die allgemeine Risikoanalyse von vornherein auch Compliance-Risiken abfragt, schadet das nichts. Wir empfehlen dann aber einen Hinweis an Ihre Mitarbeiter, dass die im Rahmen einer allgemeinen Risikoanalyse geforderte Einschätzung von Compliance-Risiken mangels ausreichender Erfahrung nicht auf objektiven Informationen beruht. Ferner sollte bei Anzeichen auf ein erhöhtes Compliance-Risiko sofort der Compliance-Beauftragte eingeschaltet werden, noch bevor eine Einschätzung durch nicht fachkundige Mitarbeiter erfolgt.

Sie sollten mit der Feststellung erhöhter Compliance-Risiken vorsichtig umgehen. Die Feststellung, dass ein normales Compliance-Risiko vorliegt, heißt nicht, dass insoweit Compliance-Störfälle ausgeschlossen sind und infolgedessen kein Handlungsbedarf besteht. Allerdings sollten hierfür die Fach-

oder Unterstützungs-Standardprozesse und die allgemein im CMS vorgesehenen Maßnahmen ausreichen. Für die Korruptionsprävention beinhaltet das z.B. ein genaues Rechnungswesen und Kreditorenmanagement, das schwarze Kassen und Scheinrechnungen erschwert, und durch Anti-Korruptionsschulungen, Compliance-Beratungsangebote und ein Hinweisgebersystem usw. unterstützt wird. Demgegenüber verlangen erhöhte Compliance-Risiken sofort besondere Maßnahmen, die der Geschäftsleitung berichtet und deren Umsetzung genau nachgehalten werden muss.

> Die Arbeitshilfe **„Compliance-Gefährdungsanalyse: Fragebögen für Compliance-Beauftragte"** unterstützt Sie bei der Erstellung eines Compliance-Unternehmensprofils, das die Berührungspunkte zu Compliance-Themen aufgrund der Aktivitäten des Unternehmens aufzeigt. Sie finden sie im **Haufe Compliance Office** oder auf der „Arbeitshilfen online"-Seite zu diesem TaschenGuide, in der Rubrik „Management" (www.haufe.de/arbeitshilfen; Buchcode TGA-HL12).

Compliance-Beauftragter – der Kümmerer im Zentrum

Der Compliance-Beauftragte als gewillkürter Unternehmensbeauftragter

Mit dem Compliance-Beauftragten wird ein zentraler Ansprechpartner und Kümmerer für Compliance-Fragen geschaffen. Stellenbeschreibung und Bestellung des Compliance-Beauftragten sollten sich in Form und Inhalt an den für gesetzlich Beauftragte üblichen Inhalten und Verfahren orientieren.

Aufgabe des Compliance-Beauftragten ist es,

- die in das CMS einbezogenen Aktivitäten zu koordinieren,
- dort, wo notwendig, für Ergänzung zu sorgen und
- alles Erforderliche zu tun, damit das CMS funktioniert.

Damit entlastet der Compliance-Beauftragte die Geschäftsleitung bei der Wahrnehmung ihrer Aufsichts- und Kontrollpflichten. Um diese Verantwortung wahrnehmen zu können, muss er fachlich direkt an die Geschäftsleitung berichten können und fachliche Unabhängigkeit genießen.

Die konkrete Aufgabenstellung hängt vom Risikoprofil des jeweiligen Unternehmens ab. Compliance-Beauftragte können hauptberuflich agieren oder im Rahmen einer Nebenaufgabe tätig werden. Das hängt vom voraussichtlichen Arbeitsanfall ab. Der Compliance-Beauftragte sollte genügend Zeit haben, um sich um seine Aufgaben zu kümmern und Fragestellungen ggf. auch im Detail nachzugehen. Andererseits haben sich Compliance-Beauftragte, die mangels ausreichender Beschäftigung nach Problemen suchen, in einigen Unternehmen als eigenständige Risikoquelle erwiesen.

Häufig ist der Compliance-Beauftragte ein Jurist. Das muss aber nicht so sein. Compliance ist eine Querschnittsaufgabe, für die beispielsweise ebenso gut Mitarbeiter aus dem Personalwesen, der Organisationsabteilung, der Revision, dem Risikomanagement oder dem Vertrieb infrage kommen.

Wichtig ist, dass die betreffende Person im Unternehmen geachtet ist, zuhören und überzeugen kann, über ein gewisses taktisches Geschick verfügt und bereit ist, sich ggf. in Einzelfälle einzuarbeiten. Ein Compliance-Beauftragter, der oder die „der richtige Mann oder die richtige Frau am richtigen Platz" ist, wird über kurz oder lang im Unternehmen Macht erlangen. Er muss damit sehr zurückhaltend umgehen wollen. Andererseits muss er aber auch bereit sein, seine Befugnisse dort einzusetzen, wo das im Interesse der Regeltreue und Redlichkeit im Unternehmen notwendig ist.

Die Funktion des Compliance-Beauftragten kann auf externe Dienstleister ausgelagert werden.

Wofür haftet der Compliance-Beauftragte?

Im Rahmen seiner Aufgabenstellung hat der Compliance-Beauftragte eine eigene Mitwirkungs-, Überwachungs- und Beratungspflicht. Für deren ordnungsgemäße Erfüllung muss er ebenso einstehen wie andere Unternehmensbeauftragte auch. Dies mag aus Sicht eines Rechtsberaters, der sich als Handlungshelfer der Geschäftsleitung versteht, unbequem sein. Ebenso ist verständlich, dass Risikomanager, die systematisch, aber ohne operative Verantwortung Risikoquellen aufzeigen, sich in der Rolle des Compliance-Beauftragten nicht immer wohlfühlen. Der Compliance-Beauftragte sollte jedenfalls keine eingeschränktere Verantwortung haben als gesetzlich Beauftragte. Daraus ergibt sich nahezu selbstver-

ständlich, dass auch der Compliance-Beauftragte für pflicht-
widriges Handeln oder Unterlassen persönlich haftet.

Versucht man, den Compliance-Beauftragten von dieser Haftung freizuhalten, indem seine Rolle auf Konzepterstellung,
Beratung und Schulung reduziert wird, schränkt man seine
Entlastungswirkung für die Geschäftsführung ein. Ein Compliance-Beauftragter als „Mogelpackung" dürfte sogar eher
zur Verschärfung der Geschäftsleitungshaftung beitragen.

Auf einem anderen Blatt steht die Frage, ob für den Compliance-Beauftragten – wie für andere Unternehmensbeauftragte und Führungskräfte auch – eine Managerhaftpflicht-
versicherung (D&O-Versicherung) abgeschlossen werden
sollte. In diesem Zusammenhang ist auch an eine Strafrechts-
schutzversicherung zu denken oder an eine vertragliche Verpflichtung des Unternehmens, Bußgelder und/oder Verteidigungskosten zu übernehmen. Strafen dürfen nicht erstattet
werden. Wer sich um eine Haftung des Compliance-Beauftragten sorgt, sollte zunächst hieran denken.

Im Ergebnis wird die Haftungsfrage ohnedies durch drei Gesichtspunkte entschärft:

- Zum einen ist die Aufgabenstellung des Compliance-Beauftragten präventiv ausgerichtet. Polizeirechtlich gespro-
  chen dient er der Gefahrenabwehr und ist kein Hilfsbeam-
  ter der Staatsanwaltschaft. Wenn er von Rechtsverstößen
  im Unternehmen erfährt, ist er deshalb nicht verpflichtet,
  die Behörden zu informieren, sieht man von den im Straf-
  gesetzbuch für alle Bürger vorgesehenen Fällen schwerster

Kriminalität ab, die für Unternehmen keine Rolle spielen sollten. Der Compliance-Beauftragte erfüllt seine Aufgabenstellung angesichts möglicher Rechtsverstöße ggf. also dadurch, dass er dafür sorgt, dass Wiederholungen ausgeschlossen sind. Gesetzlich Beauftragte haben hier u. U. sehr viel weitergehende Informationspflichten gegenüber den Aufsichtsbehörden.

- Zum anderen ist der Compliance-Beauftragte kein Linienvorgesetzter in der Pflichtendelegationskette der Geschäftsleitung. Er hat generell weder die Weisungsbefugnisse noch die Handlungsverantwortlichkeit von Linienvorgesetzten.
Etwas anderes gilt für die Compliance-eigenen Prozesse, wie z. B. Geschäftspartner-Auswahlprozesse für besondere Risikosituationen, Hinweisgebersysteme- und Beratungsverfahren, Geschenk- und Einladungsregister, Compliance-Dokumentationsverfahren, Compliance-Prüfsteine für Produktentwicklung und neue Verfahren. Insoweit hat der Compliance-Beauftragte selbst eigene operative Weisungsrechte an Linienvorgesetzte, für deren Verantwortungsbereich solche Prozesse eingerichtet werden sollen.

- Zum Dritten ist der Compliance-Beauftragte nach der hier empfohlenen Lösung kein Einzelspieler in einsamer Verantwortung vor Geschäftsleitung und Gesetz. Vielmehr wird er auf Basis des RICKO- oder Compliance-Board-Verfahrens in Abstimmung mit der Geschäftsleitung und anderen Funktionsträgern des Unternehmens tätig. Dementsprechend nimmt diese Lösung große Teile der üblichen Aufgaben eines Compliance-Beauftragten in die Aufgabenstellung der Risikomanagement- und Compliance-Koordinationsgruppe auf. Dazu gehören z. B. Entwicklung von Verhaltensstandards, Compliance-Weisungswesen, Schulung und Training sowie das Sanktionsmanagement und die Vorfalluntersuchung.

Bestellungsschreiben und Stellenbeschreibung

Aufgabe und Befugnisse des Compliance-Beauftragten sollten nicht im Anstellungsvertrag, sondern in einer funktionsbezogenen Stellenbeschreibung geregelt werden, die später einseitig angepasst werden kann. Mit dem Bestellungsschreiben, das der Compliance-Beauftragte annimmt, erhält er gleichzeitig eine gewisse förmliche Absicherung seiner Position.

Grundlage für die Stellenbeschreibung sollte eine Beschreibung von Zielsetzung und Arbeitsweise der Compliance-Funktion im Unternehmen sein. Das kann in einer gesonderten Compliance-Richtlinie erfolgen. Wenn eine solche Richtlinie Sinn machen soll, setzt das allerdings eine Klärung von Schnittstellenfragen zwischen Compliance und den anderen Unterstützungs- und Kontrollfunktionen im Unternehmen voraus. Erfahrungsgemäß lassen sich solche Fragen bei Einrichtung eines CMS allgemeingültig mit einigermaßen konkretem Inhalt nur schwer beantworten. Demgegenüber fällt die Antwort auf die Zuständigkeiten einzelner Funktionen in Bezug auf bestimmte Fragestellungen regelmäßig schon deshalb leichter, weil es dann häufig um die Übernahme von Verantwortung für unangenehme Themen geht. In der von uns empfohlenen Lösung schlagen wir allgemein gehaltene Zuordnungen im Statut der Risikomanagement- und Compliance-Koordinationsgruppe vor. Die Stellenbeschreibung kann sich hierauf beziehen und so kurz bleiben. Die Zuordnung für einzelne Themenbereiche kann dann über die RICKO-Tagesordnung erfolgen.

> Die Arbeitshilfe „**Risikomanagement- und Compliance-Koordinationsgruppe: Arbeitsplan/Tagesordnung**" unterstützt Sie bei der Organisation sowie bei der Formulierung der Stellenbeschreibung. Sie finden sie im **Haufe Compliance Office** oder auf der „Arbeitshilfen online"-Seite zu diesem TaschenGuide, in der Rubrik „Management" (www.haufe.de/arbeitshilfen; Buchcode TGA-HL12).

Die Stellenbeschreibung des Compliance-Beauftragten sollte sich an den Aufgaben und Befugnissen gesetzlicher Unternehmensbeauftragter orientieren. Das ist auf den ersten Blick ungewöhnlich, klärt aber eine Reihe von Fragen, die unter Compliance-Experten immer noch diskutiert werden, und sorgt zudem im Unternehmen für klare Strukturen. Wegen der besonderen Aufgabenstellung des Compliance-Beauftragten sollten die allgemeinen Befugnisse für gesetzlich Beauftragte um das Recht ergänzt werden,

- auf eigene Faust im Unternehmen Informationen einholen und Unterlagen anfordern zu können,

- eigene Untersuchungen durchführen oder die Revision hiermit beauftragen zu können und

- im eigenen Ermessen Feststellungen über Compliance-Handlungsbedarf im Unternehmen treffen und hierzu Handlungsempfehlungen für deren Abhilfe geben zu können.

Nach unserer Erfahrung erübrigt sich dann in der Praxis die Frage nach eigenen Anweisungsbefugnissen des Compliance-Beauftragten weitestgehend.

Anders als die Mehrzahl der gesetzlich Beauftragten hat der Compliance-Beauftragte eigene Fachzuständigkeiten für die Compliance-eigenen Prozesse. Insoweit stehen ihm die Weisungsrechte eines Linienvorgesetzten zu.

> Die Arbeitshilfe **„Compliance-Beauftragter: Stellenbeschreibung/Aufgabenzuweisung"** finden Sie im **Haufe Compliance Office** oder auf der „Arbeitshilfen online"-Seite zu diesem TaschenGuide, in der Rubrik „Management" (www.haufe.de/arbeitshilfen; Buchcode TGA-HL12) sowie im Anhang dieses TaschenGuides.

Risikomanagement- und Compliance-Koordinationsgruppe

Aufgabenstellung – Koordinierung selbstständiger Funktionen

Unternehmen haben materiell sozusagen von Natur aus bereits mehr „CMS", als sie vielleicht selber annehmen. In einem gut geführten Unternehmen sind letztlich alle Mitarbeiter und Funktionen darauf bedacht, Rechtsverletzungen und unredliches Verhalten zu vermeiden. Unterstützungs- und Kontrollfunktionen wie Risikomanagement, Personalwesen, Rechtsabteilung, Rechnungswesen, Controlling, Qualitätsmanagement, Unternehmenssicherheit, Revision und die verschiedenen gesetzlich Beauftragten sind hiermit besonders beauftragt.

Idealerweise arbeiten in Ihrem Unternehmen alle diese Funktionen bereits gut zusammen. Um ein Compliance-Management-System vorweisen zu können, geht es nunmehr darum, diese Aktivitäten zu koordinieren, dort, wo notwendig zu ergänzen und in einem nach außen vorzeigbaren Format zu bündeln. Dabei soll die Verantwortung der Beteiligten für die ihnen anvertrauten Aufgaben und Prozesse nicht beeinträchtigt werden und der zusätzliche Koordinations- und Kontrollaufwand möglichst gering gehalten werden.

Ein altes Sprichwort sagt: „Drei Bauern unter einem Hut, wenn dies geschaffet ist, ist das ein Ding recht gut." Mit der Schaffung einer Risikomanagement- und Compliance-Koordinationsgruppe (oder auch Compliance Board) kann dieses Ziel erreicht werden.

Geschäftsordnung für die Risikomanagement- und Compliance-Koordinationsgruppe

Eine Geschäftsordnung für die Risikomanagement- und Compliance-Koordinationsgruppe oder das Compliance Board könnte etwa wie folgt aussehen: Sie beginnt mit einer Beschreibung der Compliance-Zielsetzung und des CMS im Unternehmen als Grundlage der RICKO-Tätigkeit und schließt daran die Arbeitsregeln hierfür an. Damit wird eine besondere Compliance-Richtlinie entbehrlich.

Compliance–Zielsetzung und Scoping

- Rechtskonformität und Redlichkeit; Aufgabe jedes Mitarbeiters
- Risikoorientierte Präzisierung:
  straf- oder bußgeldbewehrte Regeln, große Reputations- oder Vermögensschäden
- Präventive Ausrichtung
- Compliance-Weisungswesen:
  Organisationsgrundsätze, Verhaltenskodex, besondere Compliance-Richtlinien, Gesundheitsschutz- und Arbeitssicherheitsgrundsätze, Qualitätsstandards, funktionsbezogene Arbeitsanweisungen.

Compliance–Beteiligte

- Mitarbeiter und Fachabteilungen als Verantwortungsträger
- Compliance-Unterstützungs- und Kontrollfunktionen
- Themenverantwortliche und Unternehmensbeauftragte

Risikomanagement- und Compliance–Koordinationsgruppe (RICKO-Gruppe)

- Teilnehmer
  Ständige: Compliance-Beauftragter und Leiter Unterstützungsfunktionen
  Nach Themenstellung: Themenverantwortliche und Unternehmensbeauftragte

- Aufgabenstellung
  Koordination: Die üblichen Aufgaben eines Compliance-Beauftragten, wie z.B. Entwicklung von Verhaltensstandards, Compliance-Weisungswesen, Schulung und Training, werden zusammen mit Sanktionsmanagement und Vorfalluntersuchung in die RICKO-Aufgabenstellung aufgenommen.

- Sitzungen
  Jährlich, halbjährlich, entsprechend Berichterstattung an Geschäftsleitung,
  zwischenzeitliche Arbeitstreffen mit Vertretern nach Bedarf

- Beschlussfassung
  Flexibel: in Sitzungen, aber auch mündlich oder außerhalb von Treffen nach Herstellung eines Meinungsbilds.

- Tagesordnung und Protokollierung
  Struktur durch Mustertagesordnung, -protokolle und Berichtsvorlagen

Teilnehmer und Gäste

Der Compliance-Beauftragte und die Leiter der Abteilungen mit besonderer Verantwortung für Rechtskonformität und Redlichkeit (Unterstützungs- und Kontrollfunktionen) bilden eine Arbeitsgruppe, in der alle Compliance-Themen besprochen, beschlossen oder zur Entscheidung durch die Geschäftsleitung vorbereitet werden. An dieser Arbeitsgruppe wirken die besonderen Themenverantwortlichen, Unternehmensbeauftragten oder Linienverantwortlichen je nach Bedarf mit. Die Arbeitsgruppe gibt sich eine flexible Geschäftsordnung, die eine Beschlussfassung auch außerhalb von Sitzungen, mündlich und sogar im Rahmen einer aufeinanderfolgenden Meinungsbildung ermöglicht. Mitglieder der Arbeitsgruppe können sich durch Mitarbeiter vertreten lassen. Der Compliance-Beauftragte muss nicht unbedingt Leiter der Arbeitsgruppe sein, sollte dabei aber jedenfalls eine führende Rolle spielen. In kleineren Unternehmen kann ein Mitglied der Geschäftsführung die Leitung übernehmen und dann die tatsächliche Betreuung dem Compliance-Beauftragten als eine Art Generalsekretär oder Schriftführer überlassen.

	Geschäftsführung, Vorstand	
Ständige Mitglieder	Compliance Beauftragter	
Ständige Teilnahme; Vertretung möglich ohne dass Einfluss auf Beschlussfassungskompetenz	Leiter Unterstützungsprozesse, (Corporate Governance Stabstellen) ■ Risikomanager ■ Leiter Recht ■ Leiter Personal ■ Leiter Revison	Erörterung, Berichterstattung, Beschlussfassung
Ständige Mitgliedschaft, sofern nach Unternehmenrisikoprofil angebracht	■ Leiter Fachprozesse, Themenverantwortliche, Beauftragte	
Erweiterungskreis Teilnahme auf Einladung oder auf eigenen Wunsch bei Eigeninteresse	Leiter Fachprozesse Produktion oder Dienstleistung je nach Risikoprofil des Unternehmens ■ Leiter Entwicklung ■ Leiter Einkauf ■ Leiter Qualitätsmanagement ■ Leiter Produktion ■ Leiter Vertrieb	Erörterung, Berichterstattung, Beschlussfassung
Gäste Teilnahme auf Einladung	Themenverantwortliche Unternehmensbeauftragte Fachverantwortliche Führungskräfte	Berichterstattung, Erörterung, Empfehlung; Berichterstattung an Geschäftsleitung bleibt unberührt

Struktur, Mitglieder und Aufgaben der Risikomanagement- und Compliance-Koordinationsgruppe

Arbeitsweise: Führung durch einheitliche Arbeitsformate

Entscheidend für die Arbeit der Koordinationsgruppe ist Folgendes:

- So flexibel Zusammensetzung und Beschlussfassung der RICKO gehalten sind, so strukturiert sind ihre Arbeitsunterlagen.

- Die RICKO arbeitet mit einer Mustertagesordnung, Musterprotokollen und standardisierten Berichtsvorlagen. Diese bilden die CMS-Anforderungen ab.

- Damit können die CMS-Anforderungen an Transparenz, Dokumentation und Wirksamkeitskontrolle im Sinne der ISO 19600 im Wesentlichen ohne zusätzlichen Aufwand auf Basis der laufenden Arbeitsunterlagen erfüllt werden.

- Die einheitlichen Formate geben den berichtspflichtigen Führungskräften einerseits Hilfestellung. Gleichzeitig unterstützen sie ein vergleichbares Qualitätsniveau und helfen, Hinweise zu erkennen, die ein zentrales Eingreifen erforderlich machen.

- Die in das CMS und die RICKO einbezogenen Abteilungen und Prozesse bleiben selbstständig. Zentrale Eingriffe erfolgen nur, soweit dies aus Compliance-Gesichtspunkten notwendig ist.

- Die zur Unterfütterung der Berichterstattung vorgegebenen Prüflisten sorgen für die persönliche Zurechenbarkeit der getroffenen Aussagen und erhöhen damit deren Richtigkeit.

Compliance-Management-System – Aufbau- und Ablauforganisation im Sitzungsformat

Mit der Tagesordnung und den Unterlagen für die Sitzungen der Koordinationsgruppe können Sie Aufbau-und Ablauforganisation des unternehmensinternen CMS in Verbindung mit der RICKO-Geschäftsordnung ohne weitere zusätzliche Beschreibungen festlegen.

Tagesordnung

Die Tagesordnung führt zunächst die Arbeitsgebiete auf, die im Rahmen eines Compliance-Management-Systems regelmäßig zu behandeln sind, z. B. Korruptionsbekämpfung, Datenschutz, Exportkontrolle, Arbeitssicherheit. Damit können Sie den im der Konzeption festgelegten Compliance-Umfang abbilden.

Dabei ist jeweils anzugeben,

- mit welcher Zielsetzung die Themen in einer Sitzung aufgerufen sind (Berichterstattung, Risikobeurteilung, Beschlussfassung, Wirksamkeitskontrolle),
- wer hierzu berichten oder Vorschläge machen soll und
- welche Unterlagen jeweils vorzulegen sind.

Über die Angabe der vortragenden Person(en) lässt sich festlegen, wer für ein bestimmtes Thema verantwortlich sein soll. Während sich Zuständigkeiten im Schnittstellenbereich verschiedener Funktionen mit Allgemeingültigkeitsanspruch nur schwer konkret festlegen lassen, fällt das im Hinblick auf konkrete Aufgabenstellungen erfahrungsgemäß leichter. Schon deshalb, weil es dann um die Zuweisung konkreter Aufgaben geht, die die eigenen Ressourcen belasten und mit Risiken verbunden sind. Wir haben die Erfahrung gemacht, dass auf diese Weise – sozusagen in einem Angebots- und Testverfahren unter zentraler Steuerung – Zuständigkeits- und Schnittstellenfragen im Unternehmen reibungslos und wirksam geklärt werden können.

Zusammen mit der Ergebnisspalte und den vorbereitenden Anlagen kann die Tagesordnung als Ergebnisprotokoll dienen. In der Regel sollte nur das Ergebnis, nicht der Verlauf der Erörterung dokumentiert werden. Damit bleiben die Protokolle kurz. Sie verhindern „Schwarzer Peter"-Strategien und verhindern ungenaue oder überschießende Formulierungen, die bei Dritten Anlass zu Missverständnissen geben könnten.

Themenfolge

Die Tagesordnungsfolge der RICKO-Themen folgt der Ablauforganisation des CMS. Fachübergreifende Themen, wie z. B. Änderungen der Gefährdungsanalyse, neue gesetzliche Anforderungen, Schulung und Training, Berichterstattung über besondere Ereignisse, Störfalluntersuchungen und Konsequenzenmanagement, sollten regelmäßig aufgerufen werden. Andere Themen können schwerpunktmäßig in bestimmten Sitzungen behandelt werden. Wir stellen nachfolgend eine mögliche Themenfolge dar, wie sie die RICKO-Mustertages-

ordnung vorschlägt. Dabei weisen wir auch kurz auf Sach-
überlegungen und Empfehlungen hin, die für die Behandlung
des jeweiligen Themas nützlich sein können.

Risikoprofil und Gefährdungsanalyse

Zu Beginn stehen Risikoprofil und Gefährdungsanalyse. Aus-
gangspunkt sind die im Rahmen der allgemeinen Risikoanalyse getroffenen Feststellungen. Hiervon ausgehend erfolgt
dann eine eigenständige Beurteilung der Compliance-Risiken
(Kapitel „Compliance-Gefährdungsanalyse").

Feedback-Verfahren

Während des Geschäftsjahres ist die ursprüngliche Risikobeurteilung einem fortlaufenden Feedback-Verfahren zu unterziehen. Hierin fließen natürlich alle Fälle ein, in denen sich
Compliance-Risiken realisiert haben, darüber hinaus Beratungsfälle, die Hinweise auf Risiken, Verstöße oder Verbesserungsmöglichkeiten enthalten, sowie anonyme Hinweise
und Compliance-veranlasste Untersuchungen. Solche Untersuchungen können

- prozessbezogen sein, wenn es um Verfahrensschwächen
  bzw. Verbesserungsmöglichkeiten geht,

- oder personenbezogen, wenn persönliches Fehlverhalten
  behandelt werden soll.

Unter der Rubrik „Compliance-Nachrichten" sollte nach neue-
ren Entwicklungen bei Wettbewerbern, in Gesetzgebung und
Rechtsprechung oder bei Aufsichtsbehörden gefragt werden,

die eine Änderung der Risikobeurteilung zur Folge haben könnten. Wichtig ist, dass auch Nullmeldungen – also keine Hinweise auf Veränderungsbedarf – protokolliert werden, um das Funktionieren des Feedback-Verfahrens dokumentieren zu können.

Compliance-eigene Unterstützungs- und Kontrollprozesse

Hieran können sich dann Berichterstattung und Beschlussfassung zu fach- und funktionsübergreifenden Compliance-eigenen Unterstützungs- und Kontrollprozessen anschließen.

Das beginnt mit dem **Konsequenzenmanagement**. Feststellungen über Compliance-Ereignisse im Feedback-Verfahren führen zur Frage nach den Folgen für Verfahren oder Personen. Hierbei sollte man unterscheiden zwischen

- internen Konsequenzen, wie Beratung, Personalgespräch, arbeitsrechtlichen Maßnahmen, und

- der Einschaltung Externer (in der Regel Aufsichts- oder Strafverfolgungsbehörden). Die Entscheidung über die Einschaltung externer Dritter wird im Regelfall bei der Geschäftsleitung, nicht beim Compliance-Beauftragten oder der Risiko- und Compliance-Koordinationsgruppe liegen. Allerdings sollte der Compliance-Beauftragte an solchen Entscheidungen mitwirken.

Kommunikationsthemen sind schon im Normalbetrieb ein wesentlicher Faktor für die Compliance-Kultur Ihres Unternehmens. Bei Compliance-Störfällen/-anlässen sind Kommunikationsmaßnahmen gegenüber Mitarbeitern, Geschäftspartnern, Behörden und der Öffentlichkeit unverzichtbarer Teil des Krisen- und Konsequenzenmanagements. Hier sind Spannungsverhältnisse zwischen Anforderungen aus Kommunikationssicht und Handlungsempfehlungen unter juristischen Gesichtspunkten vorgezeichnet:

- Der Rechtsberater warnt, sich voreilig und auf Basis möglicherweise unrichtiger Informationen festzulegen.

- Der Kommunikationsprofi drängt wegen des öffentlichen Meinungsdrucks auf eine schnelle Stellungnahme.

In der RICKO-Arbeitsgruppe oder einem bei ihr angesiedeltem Sonderteam für das Ereignismanagement können beide Überlegungen unter einen Hut gebracht werden. Compliance-erfahrene Kommunikationsprofis haben hierzu Lösungsmuster entwickelt.

Die Verantwortung für **Schulung und Training** liegt in Unternehmen typischerweise gemeinsam bei der Personalabteilung (Umsetzung) und den Fachabteilungen (Inhalt). In der RICKO-Gruppe sind Schulungen zu Compliance- oder Risikomanagement-Themen zu behandeln. Bezüglich der Compliance-Schulungskonzepte ist zu überlegen, welche Themen abteilungsübergreifend aufgenommen werden sollen und in welchen Fällen eine abteilungsbezogene Ausrichtung vorgesehen ist. Beide Vorgehensweisen haben Vor- und Nachteile. Abteilungsübergreifende Schulungen, etwa zu Verhaltenskodex, Interessenkonflikten, Geschenken und Einladungen, Verhinderung von Korruption oder unzulässigen Wettbewerbsbeschränkungen, vermitteln Grundlagenkenntnisse

und schaffen ein Gefühl für Fragestellungen anderer Abteilungen. Fachbezogene Gestaltungen, wie z. B. Compliance im
Vertrieb oder Einkauf, ermöglichen eine Vertiefung und Verknüpfung mit den Prozessen der Fachabteilung. Weiterhin
unterscheiden sich Schulungsinhalte und Vorgehensweisen je
nachdem, ob Schulungen sich an alle Mitarbeiter oder an
Führungskräfte richten. Wir haben den Eindruck, dass Prä-
senztrainings für Führungskräfte intensiver werden, wenn die
Teilnehmer aus verschiedenen Teilen des Unternehmens kommen. In Workshops und Spielsituationen können Compliance-
Inhalte anders vermittelt werden als mit E-Learning-Modulen
oder schriftlichen Unterweisungen. In der Sitzung der Koordinationsgruppe berichten die Schulungsverantwortlichen
über Schulungsplanung und erfolgte Schulungsmaßnahmen.
Diese Berichte dienen dann gleichzeitig als Grundlage für die
Wirksamkeitskontrolle des CMS.

Beratung hat für das Compliance-Management eine besonders wichtige Bedeutung. Rechtzeitige Hilfestellung in Zwei-
fels- oder Problemfällen kann verhindern, dass aus kleinen
Fehlern große werden. Mitarbeiter, die auf Compliance-Probleme hinweisen wollen, müssen auf Unterstützung im Unternehmen vertrauen können. Hinter Beratungsfragen verste-
cken sich nicht selten Hinweise auf Compliance-Risiken. Für
die Behandlung in der Koordinationsgruppe unter dem Tages-
ordnungspunkt „Beratung" geht es typischerweise um eine
statistisch ausgerichtete Berichterstattung. Beratungsfälle
mit besonderer Bedeutung sollten bereits unter dem Stichwort „Compliance-Feedback" erörtert worden sein.

Das Thema **Kontrollen** dürfte für mittelständische Unternehmen in der Regel schon deshalb eine besondere Rolle spielen, weil sie häufig nicht über die bei Großunternehmen üblichen besonderen Prüf- oder Kontrollfunktionen verfügen, wie z.B. eine Revisions- oder Risikomanagementabteilung. Das muss kein Nachteil sein. Kleinere Unternehmen sind leichter zu überschauen und eher von persönlicher Zurechenbarkeit geprägt, als das bei Großunternehmen der Fall sein mag.

Das von uns für mittelständische Unternehmen empfohlene Kontrollkonzept verzichtet deshalb auf sprachliche Unterscheidungen zwischen Monitoring, Prüfung und Kontrollen, ebenso wie auf eine Differenzierung nach verschiedenen Kontrollstufen. Inhaltlich sieht es interne Kontrollen durch neutrale, fachlich nicht unmittelbar verantwortliche Führungskräfte vor. Die betreffenden Risikofelder und Themengebiete sind aufgrund der Resultate der Gefährdungsanalysen für das Unternehmen festzulegen. Ferner können anonymitätsgeschützte Hinweisgebersysteme als Teil des internen Kontrollsystems gelten. Es zeigt sich immer wieder, dass wesentliche Compliance-Verstöße im Unternehmen bereits bekannt waren. Wer die Möglichkeit schafft, entsprechende Hinweise der Geschäftsleitung oder dem Compliance-Beauftragten einfach und geschützt zur Kenntnis zu bringen, trägt so zu einem effizienten Kontrollsystem bei. Das gilt insbesondere, wenn Hinweisgebersysteme auch für Geschäftspartner und Kunden geöffnet werden.

Im Anschluss an die funktionsübergreifenden Compliance-Themen sollten dann die eigenständigen Aufgabenstellungen und Prozesse mit besonderer Bedeutung für das CMS behandelt werden. Die Bedeutung fachbezogener Prozesse für Compliance leitet sich daraus ab, dass diese besonderen Compliance-Risiken ausgesetzt sein können, wie z.B. der Einsatz von Fremdressourcen, Exportkontrolle, Zahlungsverkehr oder Projekte zur Entwicklung neuer Produkte und Verfahren. Wenn für gesetzlich Beauftragte entsprechend den gesetzlichen Anforderungen die direkte Berichterstattung an ein Mitglied der Geschäftsführung vorgesehen ist, sollten diese Berichte auch der Koordinierungsgruppe vorgelegt werden oder die Beauftragten selbst kurz in einer der RICKO-Sitzungen berichten.

Pflichtendelegation – mehr als nur eine Formalie

Ohne Pflichtendelegation keine Entlastung der Geschäftsleitung

Ihr Compliance-Management-System kann so gut wie möglich sein. Ohne eine ordnungsgemäße Pflichtendelegation dürfte Ihnen das im Ernstfall nicht viel nützen. Warum? Der Geschäftsführer eines Unternehmens muss nach § 130 OWiG dafür Sorge tragen, dass sein Unternehmen und dessen Mitarbeiter keine straf- oder bußgeldbewehrten Vorschriften verletzen. Da die Geschäftsführung sich nicht um alles kümmern kann, können die Pflichten, die aus der allgemeinen Aufsichtspflicht im Einzelnen erwachsen, mit **„befreiender**

Wirkung" delegiert werden. Mögliche Delegationsempfänger sind Führungskräfte (Linienvorgesetzte, wie z. B. Produktionsleiter, Leiter Einkauf oder Vertrieb und Leiter von Stabsfunktionen) sowie Unternehmensbeauftragte. Die Delegationskette kann und sollte in größeren Unternehmen mehrstufig sein.

... und ohne Kontrolle auch nicht!

Nach der Delegation wandelt sich die Ausführungspflicht des Delegierenden in eine Aufsichtspflicht:

- Auswahlpflicht („richtiger Mensch am richtigen Platz"),

- Unterweisungspflicht („instruieren" und „vertraut machen mit"),

- Überwachungspflicht („kontrollieren"),

- Durchsetzungspflicht („eingreifen" und „dafür sorgen, dass ..."),

- Ausrüstungs- und Schulungspflicht („richtiges Arbeitsmittel am richtigen Platz" und „das erforderliche Wissen für die Aufgabe bereitstellen").

Die Bestellung, Auswahl und Überwachung von Ausführungs- und Aufsichtspersonen gehört zu den erforderlichen Organisationsmaßnahmen der Geschäftsleitung.

Delegationssysteme stehen oft nur auf dem Papier, sind veraltet und unwirksam

Häufig machen wir die Erfahrung, dass Unternehmen über kein Pflichtendelegationssystem verfügen. In anderen Fällen ist dieses irgendwann einmal zu Papier gebracht worden, spiegelt mittlerweile aber nicht mehr die aktuellen Verhältnisse im Unternehmen wider. Das mag daran liegen, dass Rechtsberater die Bedeutung des Ordnungswidrigkeitenrechts für die Haftung der Geschäftsleitung unterschätzt und Haftungsfragen nach dem Aktien- oder anderem Gesellschaftsrecht in den Vordergrund gestellt haben. Das hat sich geändert und sollte schnellstens korrigiert werden.

Zu einer wirksamen Pflichtendelegation gehören:

- Delegations- und Beauftragten-Richtlinie

- Musterschreiben zur Pflichtendelegation an Führungskräfte und zur Bestellung von Beauftragten

- Dokumentierte Übertragung von Verantwortung an eine einzelne Person mit der jeweils konkreten und aktuellen Beschreibung der jeweiligen Aufgaben, Kompetenzen und Verantwortung

- Aktualisierung der getroffenen Zuordnung entsprechend den Veränderungen im Unternehmen oder im rechtlichen Bereich

- Nachweise über durchgeführte Kontrollen der delegierten Pflichten

Die AKV-Matrix – damit die linke Hand weiß, was die rechte tut

Komplexe Organisationsformen können dazu führen, dass die Pflichtendelegation nicht vollständig oder in Schnittstellenfragen lückenhaft ist. Das gilt insbesondere für geschäftsfeldbezogene Matrixorganisationsformen. Wir haben die Erfahrung machen müssen, dass Geschäftsfeld-Verantwortliche im Ausland für gesetzliche Verpflichtungen in Deutschland, die in ihrem Heimatumfeld nicht oder anders geregelt waren, kein Verständnis haben. Die Leitung einer deutschen Konzerntochtergesellschaft fühlt sich häufig nur für den Vertrieb oder eine bestimmte Produktionslinie zuständig. Dementsprechend groß ist der Schrecken wenn Bußgeldbescheide dann gegen die Leitung der Tochtergesellschaft und nicht gegen die konzernintern zuständige Stabsstelle bei der Zentrale im Ausland ergehen. Unternehmen mit verschiedenen Betriebsstätten weisen für die einzelnen Standorte nicht selten abweichende Regelungen auf. Wenn eine neue gesetzliche Anforderung in der Zentrale bekannt ist, heißt das nicht automatisch, dass man davon auch in den Produktionsstandorten Kenntnis erlangt und die notwendigen Maßnahmen getroffen hat. Ferner bleibt häufig unklar, was in der Verantwortung der Linienvorgesetzten liegt und welche Rolle Stabsabteilungen und Unternehmensbeauftragte spielen.

Um nicht die Übersicht zu verlieren, schlagen wir die Erstellung einer AKV-Matrix („Aufgaben, Kompetenzen, Verantwortung") vor. Diese stellt das „Zusammenspiel" der Verantwortlichkeiten im Unternehmen in einer Übersicht dar und ermöglicht so die Steuerung aus der Geschäftsleitungsperspektive.

Die AKV-Matrix ist für jeden Delegationsempfänger auszufüllen. Alle Elemente, die in der AKV aufgeführt werden, sollten in den Delegationsschreiben enthalten sein. Alternativ kann die AKV-Matrix Bestandteil des Delegationsschreibens sein.

> Die Arbeitshilfe **„Pflichtendelegation: Checkliste für delegierende Führungskräfte"** finden Sie im **Haufe Compliance Office** oder auf der „Arbeitshilfen online"-Seite zu diesem TaschenGuide, in der Rubrik „Management" (www.haufe.de/arbeitshilfen; Buchcode TGA-HL12).

Sie enthält in der Vertikalspalte eine typisierte Auflistung der Funktionsträger im Unternehmen unterhalb der Geschäftsleitung (z. B. Geschäftsbereichsleiter, Produktionsleiter, Einkauf, Entwicklung, Controlling, Qualität, Vertrieb, Personalabteilung). Zusätzlich sollte die AKV-Matrix darunter jeweils die Namen der Verantwortlichen enthalten.

Hinzu kommen die verschiedenen Unternehmensbeauftragten (z. B. Abfall, Arbeitssicherheit, Brandschutz, Datenschutz, Gefahrgut, Gewässerschutz, Immissionsschutz, Strahlen-/Röntgenschutz, Luftfrachtsicherheit, Exportkontrolle, Energiemanagement).

In der Horizontalleiste werden stichwortartig vereinfacht mögliche Aufgabenstellungen beschrieben (z. B. unter dem Gliederungspunkt „Gesetze und Normen" die Formulierung „Gewährleisten eines gesetzeskonformen Betriebs sämtlicher Anlagen und Betriebseinrichtungen. Sicherstellen, dass alle Produkte die geforderten Gesetze und Normen erfüllen" mit der anschließenden Aufzählung der für das Aufgabengebiet des Delegationsempfängers einschlägigen Regelungsfelder). Als übergeordnete Aufgabengliederungspunkte sind vorgesehen: Gesetze und Normen, Personal und Organisation, Kommerziell/Vertrieb, Reporting, Technik, Zusammenarbeit/Info.

Die möglichen Verantwortungsformen und Inhalte sind jeweils in die Schnittfelder zwischen Vertikalspalte und Horizontalleiste einzutragen (Verantwortung, delegierte Verantwortung, Ausführung, Freigabe, Unterstützung, Information, Beauftragtenunterstützung, Kontrolle).

Erläuterungen einer AKV-Matrix am Beispiel der Zeilen: Arbeitsschutz, Datenschutz, Strahlenschutz und Arbeitszeit.

Gesetze und Normen	Geschäftsbereichsleiter	Produktionsleiter	Leiter Entwicklung	Leiter Personal	Beauftragter für:	– Datenschutz	– Arbeitssicherheit	– Strahlen-/Röntgenschutz	
Gewährleistung eines gesetzeskonformen Betriebs sämtlicher Anlagen und Betriebseinrichtungen. Sicherstellen, dass alle Produkte die geforderten Gesetze und Normen erfüllen. Dazu gehören insbesondere:	V								
Datenschutz						V			
Arbeitssicherheit		DV					BU		
Strahlen-/Röntgenschutz		DV	DV					BU	
Arbeitszeit		DV	DV	V					

Beispiel zur AKV-Matrix

Datenschutz: Der Datenschutzbeauftragte der Organisation hat die gesamte Verantwortung im Unternehmen. Alle anderen Personen haben bei diesem Beispiel keinerlei Verantwortung für den Datenschutz, auch nicht der Geschäftsbereichsleiter. Diese Tatsache ist in den Delegationsschreiben entsprechend zu formulieren.

Arbeitssicherheit/Technische Sicherheit: Die Gesamt-Verantwortung (V) des Geschäftsbereichsleiters wurde für dieses Gebiet delegiert an den Produktionsleiter (DV, delegierte Verantwortung). Dieser wird unterstützt durch den Arbeitssicherheits-Beauftragten (BU, Beauftragten-unterstützung). ‚BU' weil der Arbeitssicherheits-Beauftragte üblicherweise dem Produktionsleiter in dieser Funktion nicht hierarchisch unterstellt ist.

Strahlen-/Röntgenschutz: Die Gesamt-Verantwortung (V) des Geschäftsbereichsleiters wurde für dieses Gebiet an den Produktionsleiter und den Entwicklungsleiter delegiert, jeweils für ihre Verantwortungsbereiche (DV, delegierte Verantwortung). In allen anderen Bereichen gibt es keine Notwendigkeit für entsprechende Maßnahmen. Beide werden unterstützt durch den Strahlenschutz-Beauftragten. ‚BU' weil der Strahlenschutz-Beauftragte üblicherweise weder dem Produktionsleiter noch dem Entwicklungsleiter in dieser Funktion hierarchisch unterstellt ist.

Compliance-Management am Beispiel ausgewählter Aufgabengebiete

Die folgenden Themen sollen beispielhaft zeigen, welche Herausforderungen mit dem Compliance-Management für bestimmte Aufgabengebiete verbunden sein können und wie dabei unterschiedliche Einzelfragen, Funktionen und Prozesse zusammenwirken.

Compliance-Wertemanagement und Verhaltenskodex

Das Thema „Compliance-Kultur" ist einfach und schwer zugleich.

Einfach, weil Unternehmenskultur Abbild des Arbeits- und Geschäftsumfelds Ihres Unternehmens ist. In einem gut geführten Unternehmen mit Führungskräften, die ihrer Vorbildfunktion nachkommen, ist die Compliance-Kultur daher im Wesentlichen bereits vorgegeben.

Schwer, weil das gleichzeitig auch bedeutet, dass Wertevorgaben und Wertemanagementaktionen nur wenig ausrichten, wenn sie im Unternehmen als aufgesetzte Anstrengungen wahrgenommen werden. Integritätsprogramme, die den täglichen Faktencheck der Mitarbeiter nicht bestehen, schaden eher, als dass sie nützen. Vornehm formuliert nennt man das kognitive Dissonanz. Im Sprichwort heißt es, den Bergsteiger tötet nicht der Fall, sondern die Fallhöhe.

Vor diesem Hintergrund bedeuten Compliance-Wertemanagement und -Kultur im Unternehmen **organisatorische Anstrengung** und **Transferleistung**:

- **Organisatorische Anstrengung**, weil die Voraussetzungen geschaffen werden müssen, die es Mitarbeitern und Führungskräften ermöglichen, Rechtskonformität und Redlichkeitsvorgaben einzuhalten. Sie müssen diese im Unternehmensalltag einfordern können und dann im Einzelfall unterstützt werden. Hierzu dient die Compliance-Kommunikation im Unternehmen (Compliance-Intranetseiten, Schulungs- und Trainingsprogramme) ebenso wie Beratungsangebote und ein anonymitätsgeschütztes Hinweisgebersystem. Hierzu gehört auch, dass Mitarbeiter die für sie maßgeblichen Vorschriften tatsächlich in leicht zugänglicher Form einsehen können. Häufig stehen sie stattdessen einem schlecht organisierten, nicht auf den Mitarbeiter zugeschnittenen Richtlinienuniversum im Intranet oder Arbeitsplatz-Richtlinienordnern gegenüber, die nur wenig zur Information einladen.

- **Transferleistung**, weil Mitarbeiter erkennen sollten, was Rechtskonformität und Redlichkeit für ihre Tätigkeit und das Unternehmen bedeuten. Deshalb verbindet der ideale Muster-Verhaltenskodex die Unternehmenswerte mit den wirtschaftlichen Zielen des Unternehmens. Er macht deutlich, dass technisches Können und wirtschaftliche Leistungsfähigkeit allein für einen dauerhaften wirtschaftlichen Erfolg des Unternehmens nicht ausreichen. Der Slogan „Keine Redlichkeit ⇒ Kein Vertrauen ⇒ Kein Vertrauen ⇒ Kein Geschäft" klingt zunächst übertrieben, ist auf längere Sicht aber richtig. Hierzu gehört auch, dass der Umgang mit Geschenken, Einladungen und anderen persönlichen Zuwendungen nicht als Vorstufe strafbarer Handlungen, sondern als Frage des Geschäftsstils dargestellt werden sollte. Deshalb sollten Compliance-Themen so vermittelt, dass die Wahrnehmungschance bei den Mitarbeitern steigt. Also Verwendung von Comics, Humor und kleinteiligen Formaten wie Merkblättern, roten Flaggen und Begrenzung von Lernzeiten. Gerade Juristen neigen zu der Annahme, da Compliance wichtig sei, müssten Compliance-Inhalte in einer Art und Weise vermittelt werden, die die Ernsthaftigkeit des Inhalts auch in der Darstellungsweise wiederspiegelt. Pädagogisch oder neurologisch betrachtet ist das Gegenteil richtig. Spaß und Spiel erhöhen die Aufmerksamkeit.

Ein Verhaltenskodex legt für alle Mitarbeiter in Konkretisierung der Unternehmenskultur verbindliche Verhaltensstandards fest, um Situationen vorzubeugen, die die Rechtmäßigkeit und Redlichkeit des Unternehmens oder seiner Mitarbeiter infrage stellen können. Mit der Einführung eines Verhaltenskodex schaffen Sie die zentrale Compliance-Regelung für Mitarbeiter. Bei einer entsprechenden Gestaltung werden für den Normalfall besondere Compliance-Richtlinien, z.B. zu Geschenken oder Einladungen oder zur Korruptionsprävention, entbehrlich. Vielmehr können die Vorgaben des Verhaltenskodex ggf. durch an alle Mitarbeiter gerichtete Kurzmerkblätter unterstützt oder durch spezialisierte, funktionsbezogene Arbeitsanweisungen ergänzt werden.

Kriminalitätsbekämpfung am Beispiel von Korruptionsprävention

Wenn es um Kriminalitätsbekämpfung geht, wird traditionell zwischen Kriminalität von außen und Kriminalität durch eigene Mitarbeiter unterschieden. Häufig hören wir dabei zur Erläuterung, dass man, ebenso wie sich Kriminalität in der Gesellschaft nicht ausschließen lässt, nicht verhindern könne, dass einzelne Mitarbeiter straffällig würden. Das ist richtig, hilft dem Compliance-Manager aber nicht wirklich weiter. In wesentlichen Gesichtspunkten trifft diese Aussage so auch nicht zu. Wer genauer hinschaut, erkennt in vielen Fällen, dass Straftaten Einzelner eingebettet sind in schlechte Organisation, schlampiges Mitarbeiter- und Führungsverhalten oder eine Unternehmenskultur, die Redlichkeit nicht ernst nimmt.

Wer Informationssicherheit nicht ernst nimmt, Kunden im Unternehmen fotografieren oder private USB-Sticks verwenden lässt oder Mitarbeitern nicht die Bedeutung von Passwortdisziplin oder Social-Engineering-Techniken vermittelt, schafft für Angriffe von außen eine günstige Ausgangslage. Mitarbeiter, die durch übermäßige persönliche Zuwendungen „angefüttert" worden sind oder schon mit dem Hinweis auf kleine Regelverletzungen unter Druck gesetzt werden können, können leicht als interne Angriffspunkte eingesetzt werden.

Wer selbst ausländische Beratungsfirmen ohne nachvollziehbare wirtschaftliche Plausibilität einschaltet, darf sich nicht wundern, wenn im Controlling, Zahlungsverkehr und Kreditorenmanagement Scheinfirmen, Scheingläubiger und Scheinrechnungen nicht auffallen oder Mitarbeiter sich ggf. mit fadenscheinigen Begründungen zufriedengeben. Damit sind dann wesentliche organisatorische Schutzvorkehrungen gegen Bestechung, Bestechlichkeit, Untreue und Geldwäsche geschwächt.

Nur auf den ersten Blick harmloser sind etwa Maßnahmen zur „Budgetrettung" durch vorzeitige oder falsch ausgewiesene

Rechnungsstellung am Jahresende im Zusammenwirken mit Lieferanten und Dienstleistern. Hierdurch entsteht zum einen ein Vertrauensverhältnis zwischen eigenen Mitarbeitern und Geschäftspartnern, das auf der Verletzung interner Regeln beruht. Zum anderen werden der Sache nach „Schwarze Kassen" gebildet, d.h. der Kontrolle der hierfür zuständigen Mitarbeiter entzogene Gelder oder „Leistungsguthaben", wie sie auch bei Bestechungszahlungen verwendet werden.

Ferner zeichnen sich „überraschende" Einzelfälle häufig bereits vorher durch Warnzeichen oder ein entsprechendes Tatumfeld ab („Rote Flaggen"). Mitarbeiter, die gelernt haben, auf solche Frühwarnzeichen zu achten und darauf vertrauen, eigene Fehler oder das Fehlverhalten anderer offen ansprechen zu dürfen, können so wesentlich zur Verhinderung von Kriminalität beitragen.

Compliance-Management sollte daher die Voraussetzungen für eine geschützte Mitarbeiterkommunikation schaffen. Ziel sollte sein, dass die internen Dienste sich ihrer Rolle für die Verhinderung von Wirtschaftskriminalität bewusst sind und im Unternehmen in dieser Rolle respektiert werden. Das ist schwerer getan als gesagt. In der Regel wird ja nicht sofort die Haifischflosse, sprich die Straftat, sichtbar, sondern nur ein leichtes Kräuseln an der Wasseroberfläche. Zu diesem Zeitpunkt bestehen oft noch Bedenken, Kollegen oder Vorgesetzten durch Hinweise an das Compliance-Management nur unnötige Schwierigkeiten zu bereiten oder sich selbst zu blamieren.

Interne Schutzmaßnahmen

Für die Verhinderung eigener Bestechungsaktivitäten Ihres Unternehmens bedeutet das beispielsweise:

- Transparenz und Genauigkeit im Zahlungsverkehr und Kreditorenmanagement sicherstellen.
- Nach Leistungskompetenz und Leistungsumfang von Geschäftspartnern fragen.
- Vorsicht bei Geschäftspartnern in „Steueroasen" oder bei Namensähnlichkeiten walten lassen.
- Rechnungen müssen den umsatzsteuerlichen Anforderungen genügen.
- Interne Möglichkeiten zur Anlegung „Schwarzer Kassen" prüfen (z.B. Vertriebsmehraufwand, Zusatzposten in der Margenkalkulation, Marketing- und Incentive-Aktionen, Rückvergütungen und Servicegutschriften).
- „Auslagerung" auf Vertriebspartner und Lieferanten berücksichtigen.

Qualitätsmanagement – Compliance-Mehrwert für Fachprozesse

Die Einbindung des Qualitätsmanagements in den Compliance-Prozess und umgekehrt des Compliance-Beauftragten in das Qualitätsmanagement ist ein Beispiel dafür, wie Compliance-Gesichtspunkte in Fachprozessen berücksichtigt werden können. In der Regel sollten die Standardverfahren für das Qualitätsmanagement ausreichen und sich der Compliance-Beauftragte – abgesehen von der Berichterstattung in der RICKO-Gruppe – nicht in die Qualitätsmanagement-Fachprozesse einmischen.

Compliance-Prüfsteine für neue Produkte und Verfahren

Allerdings können neue Produkte und Verfahren besonders Compliance-störanfällig sein. Wegen der Konzentration auf produktions- oder vertriebsbezogene Fragestellungen besteht das Risiko, dass Compliance-Themen von den Fachbeteiligten nicht mit der notwendigen Aufmerksamkeit behandelt werden. Hierzu können zählen:

- neue Vorschriften oder Auflagen für Produktherstellung, Versand oder Vertrieb, mit denen im Unternehmen oder am Markt noch keine Erfahrung besteht,
- Unterschiede zwischen interner Qualitätssicherung und Vertriebsaussagen,
- unzureichende Verbraucherinformation,
- unzulässige Wettbewerbsbeschränkungen anlässlich von Produkteinführung und Markteintritt (z.B. Marktaufteilung, Vertriebssysteme, Einführungszeitplan) oder
- Compliance-widrige Vertriebsanreize (Korruption, Interessenkonflikte aus Vergütungssystemen).

Einige Beispiele für diese Aufzählung: Wir haben erlebt, dass von der Qualitätssicherung aufgeworfene Sicherheitsbedenken höheren Orts übergangen worden sind, damit ein neues Produkt termingerecht an den Kunden ausgeliefert werden konnte. Emissionswerte eines neuen Produkts wurden zur Messeeinführung geschönt und Prüfprotokolle sollten zur Tarnung verändert werden. In einem anderen Fall war übersehen worden, dass aufgrund der Verwendung einer besseren Lackierung andere Sicherheits- und Umweltbestimmungen zu beachten waren. Verbotene Kartellabsprachen liegen auch dann vor, wenn man sich mit Wettbewerbern auf einen Zeitplan für Produktneueinführungen verständigt. Selektive Vertriebssysteme zur Unterstützung neuer Produkte oder Dienstleistungen sollten im Vorhinein auf ihre wettbewerbsrechtliche Zulässigkeit geprüft werden.

Wir empfehlen deshalb, für Entwicklungsphasen, die wichtige Weichenstellungen für die Entwicklung neuer Produkte oder Verfahren darstellen (Konzeption/Design, Beginn der Umsetzung, Testeinsatz, Freigabe/Praxiseinsatz), besondere Compliance-Prüfsteine vorzusehen. Dadurch kann man verhindern, dass Compliance-Aspekte nicht rechtzeitig berücksichtigt werden und später mühsam nachgeholt werden müssen.

Der menschliche Faktor als mögliche Schwachstelle

Ferner hat sich in Diskussionen mit unserem Experten für Qualitätsmanagement mittlerweile ein anderer Faktor herausgeschält: Die Standardverfahren für Qualitätsmanagement berücksichtigen den menschlichen Faktor nicht in ausreichendem Maße als mögliche Fehlerquelle. Das führt etwa zu der

Frage, ob die Einkaufs- und Vertriebsprozesse für neue Produkte bereits genügend in die internen Unterstützungs- und Kontrollsysteme eingebunden sind, sodass keine besondere Gelegenheit für Betrug oder Veruntreuung entsteht. Bestehen entwicklungsbedingt vorübergehend Kopfmonopole, die eine wirksame Kontrolle gar nicht erlauben? Sind Single Source Letter und Sonderbeziehungen zu Dienstleistern oder Lieferanten entwicklungsbedingt notwendig? Wenn ja, können hieraus persönliche Interessenkonflikte entstehen? Das sind heikle Fragen. Wir denken nicht, dass sie in das Standard-Compliance-Frageschema gehören. Allerdings sollten Compliance-Beauftragte und der Qualitätsmanagement-Verantwortliche sie stets im Auge behalten, um auf konkrete Frühwarnzeichen rechtzeitig reagieren zu können.

Sorgfalt bei Geschäftspartnern und Kunden – oder „trau, schau wem"

Für die Compliance-Risiken eines Unternehmens spielen dessen Geschäftspartner und Kunden eine wichtige Rolle. Wenn Unternehmensführung nicht so hart wäre, könnte man sagen: „Wie man sich bettet, so liegt man."

Auch hier einige Beispiele:

- Wenn Kundenmitarbeiter an Vertriebspartnern oder Beratungsfirmen beteiligt sind und so an der Geschäftsbeziehung mitverdienen, wird schnell die Frage gestellt, ob hier ein Fall von Korruption „über die Bande" vorliegt. Wenn

Vertriebspartner „aus eigener Tasche" Bestechungszahlungen geleistet oder ein Begleitprogramm für Familienangehörige zur Produktabnahme organisiert haben, wird geprüft werden, ob Ihr Unternehmen diese Aktivitäten kannte oder davon hätte wissen müssen. Man wird ferner fragen, ob die Bestechungsleistungen aus Ihren Vertriebskosten finanziert worden sind. Deshalb reduzieren Kundenunternehmen, die selbst darauf achten, dass ihre Mitarbeiter nicht bestechen oder sich nicht an unzulässigen Wettbewerbsbeschränkungen beteiligen, auch Ihr Risiko.

- Speditionen mit internationaler Erfahrung können Ihnen bei Erfüllung von Export- oder Importanforderungen helfen.

- Lieferanten, die zugesagte Arbeitsbedingungen oder Mindestsozialstandards nicht einhalten, können dazu führen, dass Endverbraucher Ihre Produkte boykottieren. Großkunden können in solchen Fällen nach anderen Lieferanten Ausschau halten, weil sie selbst unter dem Druck der Öffentlichkeit stehen, in ihrer Lieferkette für ordentliche Verhältnisse zu sorgen.

- Nach dem Arbeitnehmer-Entsendegesetz haften Auftraggeber als Bürge dafür, dass ihr Auftragnehmer die gültigen Tariflöhne zahlt. Ordnungswidrig handelt, wer Werk- oder Dienstleistungen in einem erheblichen Umfang ausführen lässt, indem er einen anderen Unternehmer beauftragt, von dem er weiß oder fahrlässig nicht weiß, dass dieser tariflich zugesicherte Arbeitsbedingungen oder Leistungen nicht gewährt. Eine entsprechende Regelung enthält jetzt auch das Mindestlohngesetz.

- Exporteure und Importeure müssen Lieferanten und Kunden routinemäßig daraufhin überprüfen, ob sie auf Sanktions- oder Terroristenlisten stehen, wenn sie die Vorteile des erleichterten Zollverfahrens für Zugelassene Wirtschaftsbeteiligte nutzen wollen.

- Wer Waren oder Dienstleistungen exportiert, die der Exportkontrolle unterliegen, sollte auf die Richtigkeit der Endverbleiberklärungen seines Geschäftspartners bauen können, will er sich nicht eines Tages als Beteiligter in Strafverfahren nach dem Außenwirtschaftsgesetz wiederfinden.

Wir könnten diese Aufzählung fortsetzen. Geschäftspartner- oder kundenbezogene Compliance-Sorgfaltspflichten erfassen ein Spektrum, dass nicht allein durch den Compliance-Beauftragten abgedeckt werden kann. Wir haben die Konsequenzen schon bei der Ausgestaltung des Compliance-Management-Systems, dem RICKO-Verfahren und der Pflichtendelegation erläutert. Es gilt, zwischen Standardprozessen für den Normalfall und Prüfverfahren für Sachverhalte mit erhöhten Compliance-Risiken zu unterscheiden:

- Standardprozesse sollten in der Verantwortung der jeweils fachlich zuständigen Abteilung liegen und ggf. mit Compliance-bezogenen Fragen ergänzt werden. Die Verfahren für den Normalfall dürfen nicht unnötig überlastet oder von ihren primären Zielsetzungen abgelenkt werden. Die bei erhöhtem Risiko zusätzlich erforderliche Tiefenschärfe sollte nicht aus Rücksicht auf den Normalfall unterbleiben.

- Situationen mit erhöhtem Compliance-Risiko sollten von der Compliance-Funktion geprüft werden, ggf. auch mit eigenen Recherchen.

- Ein Beispiel hierfür sind die im vorhergehenden Kapitel dargestellten Compliance-Prüfsteine für neue Produkte und Verfahren in Ergänzung zu den normalen Qualitätsmanagementverfahren.

Bei der **Geschäftspartnerauswahl im Einkauf** geht es in der Regel um Standardprozesse. Ergänzende Compliance-Fragen für den Standardprozess können sein:

- Bestehen wirtschaftliche Beteiligungen von Mitarbeitern oder Verwandten an Lieferanten oder Vertriebspartnern?

- Gab es gegen den potenziellen Geschäftspartner Ermittlungsverfahren, Strafen- oder Bußgelder in den letzten 5 Jahren?

- Gab es in den letzten 5 Jahren negative Medienberichterstattung?

- Sind eigene Compliance-Maßnahmen beim Geschäftspartner vorhanden?

Häufig wird aus Gründen der Compliance-Absicherung vorgeschlagen, dass Lieferanten und Dienstleister sog. Integritätsklauseln unterschreiben oder die Verhaltensgrundsätze und Compliance-Regeln des Kunden anerkennen müssen.

Bei **Integritätsklauseln** soll der Geschäftspartner erklären, dass er keine gesetzeswidrigen oder unlauteren Verhaltensweisen anwenden wird und dies auch von seinen Zulieferern verlangt. Solche Klauseln sind vielleicht ein gut gemeinter

Gedankenanstoß. Sie dürften im Ernstfall aber nicht als Beitrag zur Erfüllung der Sorgfaltspflichten gegenüber Geschäftspartnern bewertet werden. Es besteht eher das Risiko, dass sie als Beleg dafür betrachtet werden, dass Ihr Unternehmen sich seiner Sorgfaltspflichten mit allgemeinen Vertragsklauseln habe entledigen wollen. Die im USA-Kontext üblichen Anti-Korruptionsklauseln enthalten demgegenüber detaillierte tatsächliche Zusicherungen, die eine persönliche Zurechenbarkeit der Erklärenden herstellen.

Zunehmend im Trend liegen u. a. deshalb Compliance-Schulungsangebote an Geschäftspartner. Wer verlangt, dass seine Geschäftspartner an Compliance-Schulungen teilnehmen, bewirkt etwas tatsächlich Sinnvolles und kann ggf. aktives Bemühen vorzeigen nachweisen!

Ebenso sollte man von Geschäftspartnern nicht die Anerkennung der eigenen Compliance-Regeln verlangen. Das geht sehr weit und hilft nicht wirklich weiter. Wer solche Forderungen uneingeschränkt anerkennt, wirft eher Zweifel an der Ernsthaftigkeit seiner vertraglichen Zusagen auf als Compliance-Zuverlässigkeit zu zeigen. Wer solche Forderungen stellt, muss sich überlegen, ob und wie er deren Einhaltung überprüfen kann.

Ausreichend ist unseres Erachtens, dass Zulieferer die Verhaltensgrundsätze Ihres Unternehmens zur Kenntnis nehmen und erklären, dass sie ihr geschäftliches Verhalten an den gleichen Grundsätzen ausrichten. Sinn macht darüber hinaus die Frage nach dem eigenen Compliance-Management-System des Geschäftspartners. Das kann heute von Zulieferern international tätiger Unternehmen erwartet werden.

Gesellschaftliche Verantwortung – Corporate Social Responsibility wird wieder aktuell

Ein Sonderthema bei der Geschäftspartnerauswahl und -entwicklung stellt die Einhaltung der Grundsätze gesellschaftlicher Verantwortung dar. Hierbei geht es vor allem um:

- Zwangs- oder Kinderarbeit (bzw. Recht auf Ausbildung),
- Zahlung von Mindestlöhnen,
- Einhaltung gesetzlich erlaubter Arbeitszeiten,
- Umweltschutz,
- Arbeitssicherheit und -gesundheit,
- Versammlungsfreiheit und Tarifverhandlungen,
- Diskriminierungsschutz,
- Umweltschutz und
- Kontrolle der Lieferkette.

Bisher sind viele Unternehmen mit diesen Themen eher großzügig umgegangen – um dem Wandel zum Besseren Vorschub zu leisten, aus Gründen der Imagepflege oder weil entsprechende Aussagen, von Sonderfällen abgesehen, in Deutschland rechtlich nicht überprüft werden, sei dahingestellt. Hier hat sich das Blatt gewandelt:

- Sie müssen sich jetzt darauf einstellen, dass Kunden die im Lieferanten-Screening gemachten Angaben einer tatsächlichen Überprüfung unterziehen („Von der Papierform zur Prüfung vor Ort"). Die Zeiten, in denen Lieferanten umfangreiche Fragelisten zu CSR- und Compliance-Themen in der Zuversicht ausfüllen konnten, dass die Antworten nicht überprüft würden, sind nahezu vorbei.

- Für die Medien gehört es mittlerweile zum Standardrepertoire, hier nach Diskrepanzen zwischen Anspruch und Wirklichkeit zu suchen und darüber zu berichten.

- Diese Entwicklung wird durch die Ost-Erweiterung der EU und die Migration nach Europa entscheidend beschleunigt. Prekäre Arbeitsbedingungen und die Standards der Internationalen Arbeitsorganisation betreffen nicht mehr nur die Dritte Welt und Wachstumsmärkte, sondern haben sich zu Themen vor der eigenen Haustür entwickelt.

Unterziehen Sie deshalb die Aussagen Ihres Unternehmens zum Thema Nachhaltigkeit und gesellschaftliche Verantwortung vorsichtshalber einem Realitätscheck, bevor das andere für Sie tun. Weniger kann gerade bei CSR-Aussagen mehr sein. Die heutige verschärfte Regulierungs- und Überwachungspraxis der Behörden dürfte auch auf Enttäuschungen über CSR- und Ethik-Versprechungen der Wirtschaft zurückzuführen sein, die so nicht eingelöst werden konnten.

Bei bedeutenden Zulieferern aus einem Umfeld mit Sub-EU-Standards sollte eine Prüfung der vor Ort vorhandenen Gegebenheiten in Bezug auf Umwelt- und Arbeitsbedingungen sowie Gesundheitsschutz zum Standardprozess gehören, wenn Aussagen zur Corporate Social Responsibility über Emissionswerte und Energieverbrauch hinaus gemacht werden. Darüber hinaus sollte vorsorglich geprüft werden, ob Aussagen zur Kontrolle der Lieferantenkette und CSR-Standards rechtliche Bedeutung haben können (Qualitätszusicherung, Vertragsgrundlage, Nebenpflicht oder Kündigungsgrund). Schließlich sollten die Standards, die Sie zur Verhinderung von Korruption praktizieren, nicht hinter den Bemühungen zur Überwachung von Nachhaltigkeitsstandards in der Lieferantenkette zurückbleiben.

Werkverträge im Grenzbereich – ein brisantes Thema

Vor dem Hintergrund der Diskussion um die Einhaltung sozialer Mindeststandards in Deutschland hat sich der Einsatz von Fremdressourcen zu einem brisanten Compliance-Risiko entwickelt. Das zeigt sich nicht nur an den massiven Reaktionen von Öffentlichkeit und Verbrauchern bei entsprechenden Vorwürfen, sondern auch an einer erhöhten Ermittlungs- und Sanktionsbereitschaft der Behörden. Im Einzelnen sind Themen wie z. B. Scheinselbstständigkeit, Subunternehmerketten mit Lohndumping oder Schwarzarbeitern betroffen. Wir wollen nachstehend näher auf Risiken bei Werk- und Dienstleistungsverträgen eingehen.

Das Problem: Der Abschluss von Werk- und Dienstleistungsverträgen gehört einerseits zum Alltagsgeschäft von Fachabteilung oder Einkauf und wirft keine besonderen Compliance-Fragestellungen auf. Andererseits haben sich unter dieser Kategorie Formen des Fremdressourceneinsatzes im Grenzbereich des gesunden Menschenverstands entwickelt. In der tatsächlichen Abwicklung bestehen starke Ähnlichkeiten mit dem Einsatz eigener Arbeitnehmer oder von Leiharbeitnehmern. Die Unterschiede zum Fremdunternehmer, der seine eigenen Mitarbeiter zur Auftragserfüllung mitbringt, sind kaum noch zu erkennen.

In der Regel hat der Einkauf allerdings keine näheren Kenntnisse darüber, wo die Grenzen zum Arbeitsverhältnis liegen. Die Personalabteilung wird qua Definition nicht eingeschaltet – es handelt sich ja um Werkverträge, nicht um Anstellungsverhältnisse. Die Verträge sind in aller Regel rechtlich in Ordnung, sodass auch die hausinternen Juristen oder Rechtsberater kein Haar in der Suppe finden. Allerdings entscheidet in arbeits- und sozialrechtlichen Grenzfällen nicht die juristische Papierform, sondern die tatsächliche Praxis. Diese kennen in der Regel nur die Führungskräfte vor Ort.

Somit besteht das Risiko, dass Ihr Unternehmen unwillentlich in ein Compliance-Risiko hineinläuft. Werden die Arbeitnehmer eines beauftragten Unternehmens oder selbstständige Berater als Arbeitnehmer des eigenen Unternehmens eingestuft, drohen Bußgelder wegen der Verletzung von arbeitnehmerschutz- oder sozialversicherungsrechtlichen Vorschriften. Sie müssen sich ferner auf Schwierigkeiten mit der Arbeitnehmervertretung und auf ein erhebliches Reputationsrisiko einstellen. Die vom Auftragnehmer eingesetzten Personen müssen von Ihnen dann wie eigene Mitarbeiter bezahlt werden.

Damit sollten Sie dieses Thema als übergreifendes Compliance-Thema aufnehmen. Die in den Fachabteilungen für den Einsatz von personellen Fremdressourcen und im Einkauf für den Abschluss der entsprechenden Verträge Verantwortlichen müssen Werk- oder Dienstleistungsverträge im kritischen Bereich von den Gestaltungsformen im Normalfall unterscheiden können.

Nachstehenden Fragen können hierbei helfen:

- Kann der Beauftragte den Auftrag mit eigenen Ressourcen und in eigener Verantwortung erfüllen?
- Hat der Auftraggeber ein Lastenheft erstellt, das der Geschäftspartner ohne laufende Weisungen abarbeiten kann?
- Handelt es sich um Klein- und Kleinst-„Projekte" bis zur „Atomisierung" (z.B. Schweißnähte, Verputzarbeiten geringen Umfangs)?
- Wird lediglich die Leistung einfacher, nicht erfolgsbezogener Arbeiten benötigt (z.B. Schreibarbeiten, Botendienste, einfache Zeichenarbeiten, Maschinenbedienung, Dateneingaben)?
- Wie wird auf dem Betriebsgelände tätiges Fremdpersonal räumlich von den eigenen Mitarbeitern abgegrenzt?
- Wie ist ausgeschlossen, dass Fremdpersonal Anweisungen durch eigene Mitarbeiter erhält?
- Wie ist sichergestellt, dass das Fremdpersonal seine Arbeitszeit selbst bestimmen kann?

- Setzt das Fremdpersonal eigene Betriebsmittel und Werkzeuge ein?

- Ist die Personalgestellung nur eine vorübergehende Folgeleistung der Lieferung einer Maschine oder Software?

- War der Auftragnehmer bereits der öffentlichen Kritik wegen Verletzung von Vorschriften oder Sozialstandards ausgesetzt oder von behördlichen Ermittlungsverfahren betroffen?

- Verfügt der Auftragnehmer über eine Arbeitnehmerüberlassungserlaubnis, wenn seine Mitarbeiter auf Ihrem Betriebsgelände eingesetzt werden sollen? (Dann können die Mitarbeiter des Auftragnehmers dem Auftraggeber nicht als Arbeitnehmer zugerechnet werden.)

Personal-Compliance – welche Rolle spielt die Personalabteilung?

Wenn Sie überlegen, wer wie in das Compliance-Management-System eingebunden werden soll, führt das schnell zur Frage nach der Rolle der für Personalthemen zuständigen Mitarbeiter. Hier gibt es in der Praxis ein weites Spektrum, das für viele Unternehmen Verbesserungsmöglichkeiten bietet. Das beginnt damit, dass Fragen wie die Genehmigungen von Nebentätigkeiten, Beteiligungen an Wettbewerbern oder der private Gebrauch von E-Mails in Compliance-Regeln und Anstellungsverträgen unterschiedlich geregelt sein können. Wir beobachten, dass Führungskräfte arbeits- und sozialversicherungsrechtliche Normen nicht beachten und die Personalabteilung das hinnimmt oder Personalmitarbeiter bei arbeitsrechtlichen Sanktionen auf bloße Umsetzungsgehilfen bereits getroffener Entscheidungen der Fachverantwortlichen reduziert werden.

Insoweit bestehen hier oftmals eindeutige Verbesserungsmöglichkeiten. Der Umgang mit Personal hat erheblichen Einfluss auf die Einstellung der Mitarbeiter. Wer sich in seinen eigenen Personalangelegenheiten fair und regelgerecht behandelt fühlt, wird in seinem Arbeitsumfeld eher für Redlichkeit und Rechtskonformität sorgen als derjenige, der im Umgang mit Mitarbeitern mangelnden Respekt, eine nicht transparente Personalauswahl oder juristische Spitzfindigkeiten erleben muss. Wenn Compliance auf einen Bereich für Kultur und Integrität in Verantwortung der Personalabteilung und einen juristischen Teil in Verantwortung der Rechtsabteilung aufgeteilt ist, sollten Sie sich auf Führungsebene darum kümmern, warum das so ist und prüfen, ob und wie die Zusammenarbeit funktioniert.

Ein Beispiel für möglichen Handlungsbedarf

Bußgeld- oder strafbewehrte Themenfelder im Arbeits-und Sozialversicherungsrecht:

- Anti-Diskriminierungsrecht
- Arbeitnehmerüberlassungsrecht
- Werk-/Dienstverträge
- Beschäftigtendatenschutz
- Schutz von Persönlichkeitsrechten

- Mitarbeiterüberwachung, -kontrolle
- Betriebsverfassungsrecht
- Sozialversicherungs-/Lohnsteuerrecht
- Scheinselbstständigkeit
- Reisekosten, Aufwendungsersatz
- Arbeitsschutz
- Arbeitszeitrecht
- Mutterschutz-, Elternzeitrecht
- Schwerbehindertenrecht
- Jugendarbeitsschutz; Berufsbildungsrecht
- Beschäftigung von Ausländern
- Entsendung von Mitarbeitern

Ein Konfliktbeispiel: Compliance-Anforderungen und arbeitsrechtliche Zulässigkeit

Überprüfungen von Mitarbeitern oder Bewerbern, wie sie standardmäßig als Vorsichtsmaßnahme zur Erfüllung der Sorgfaltspflichten empfohlen werden, sind aus datenschutzrechtlichen Gründen und zum Schutz des Persönlichkeitsrechts der Betroffenen enge Grenzen gesetzt. Zulässig sind nur Fragen, an deren wahrheitsgemäßer Beantwortung das Unternehmen ein schutzwürdiges Interesse hat, aufgrund dessen die Belange der betroffenen Person zurücktreten müssen. Das setzt voraus, dass die Frage für den angestrebten Arbeitsplatz von Bedeutung ist. Gleiches gilt für die Anforderung von Unterlagen. Polizeiliches Führungszeugnis und

Schufa-Auskunft enthalten in der Regel Informationen, die darüber hinausgehen.

Compliance-Ereignismanagement

Ungeachtet aller Vorsorgemaßnahmen werden Sie unangenehme Compliance-Vorfälle nicht vermeiden können. Wenn Sie dafür sorgen, dass sich alle Mitarbeiter über die Bedeutung von Rechtskonformität und Redlichkeit für die geschäftliche Entwicklung im Klaren sind und Aufmerksamkeit und Mut finden, Fehlentwicklungen und Verbesserungsmöglichkeiten rechtzeitig anzusprechen, müssen Sie sogar damit rechnen, dass anfangs mehr Compliance-Fragen und Vorfälle auftreten, als das bislang der Fall gewesen ist. Compliance-Probleme und -Störfälle sind regelmäßig unangenehm und mit Stress und Emotionen verbunden. Die folgenden Tabellen können Ihnen helfen, die richtigen Fragen zu stellen und so dafür Sorge zu tragen, dass in Ihrem Unternehmen die richtigen und angemessenen Maßnahmen getroffen werden:

- Kategorisierung des Vorfalls
- Zusatzinformationen und Bewertungsgesichtspunkte
- Mögliche Handlungs-(Unterlassungs-)Konsequenzen
- Optionen für das Konsequenzenmanagement
- Erfahrungsregeln

Formale Vorfall-Kategorisierung	
Verletzung des Code of Conduct	**Beachtung von Gesetzen/ Vorschriften**
• Interessenkonflikt • Verbraucherrechte/ Qualität • Finanzberichterstattung • Kapitalmärkte • Diskriminierung • Datenschutz • Geheimhaltung • Geschenke und Bewirtung • Verkaufsanreize	• Verkauf, Kundenberatung • Bestechung/ Anti-Geldwäsche • Kartelle • Umwelt • Sanktionen/Embargos • Datenschutz • Kapitalmarktpublizität, Insider, Preisfindung

Zusätzliche Informationen und Bewertungsgesichtspunkte

- Welche Informationsquelle?
- Whistleblowing
- Noch bestehende Unklarheiten?
- Rote Flaggen für Korruption/Kriminalität?
- Individuell unangemessenes Verhalten?
- Potenzielle Schwäche von Prozessen?
- Beteiligung des Senior-Managements?
- Ähnlich bereits vorgekommene Fälle?
- Bereits Medienkritik für ähnliche Vorfälle?

- Bereits Kritik von Aufsichtsgremien oder Behörden wegen ähnlicher Ereignisse?
- Erhöhte Aufmerksamkeit der Stakeholder?
- Für die betroffene Person erster Vorfall?
- Hinweis auf Management-Submilieus?
- Hinweis auf Einschaltung Dritter für unrechtmäßige Handlungen?

Mögliche Konsequenzen von Reaktionsmaßnahmen oder Unterlassungen

- Unternehmen macht den Eindruck
  - unprofessionellen Managementstils
  - einer unfairen, willkürlichen Behandlung
  - schlechter Produktqualität
- Unternehmen erlebt reduzierte Wertschätzung durch Markt
- Unternehmen bekommt Schwierigkeiten
  - bei Großkunden
  - bei Retailkunden
- Unternehmen schafft ein negatives Bild in der Öffentlichkeit und den Medien
- Es entsteht Kritik an Management- und Führungsstil
- Behördeninformation durch Konkurrenten zwecks Ausnutzung der Bonusregelung (Kartellrecht)

- Ermittlung von Strafverfolgungs- und/oder Aufsichtsbehörden
- Strafen/Bußgelder gegen beteiligte Manager
- Strafen/Bußgelder gegen nicht beteiligte Führungskräfte wegen Verletzung von Aufsichts- und Kontrollpflichten
- Gewinnabschöpfung
- Schadensersatzansprüche des Unternehmens wegen
  - Verantwortlichkeit für den Vorfall
  - Nichterhebung von Regressansprüchen
- Vertrauensverlust bei Mitarbeitern

Erfahrungsregeln

- Compliance soll die Verantwortung des Geschäfts unterstützen, nicht herabspielen.

- Die wenigstens Compliance-Interventionen sind angenehm. Die meisten wirken unmittelbar störend.

- Die rechtzeitige Ansprache von unangemessenem Verhalten/Schwächen verringert das Risiko, dass die Glaubwürdigkeit des Managements oder der Compliance-Kultur Schaden nimmt.

- Strafverfolgungsverfahren führen zu negativem Medienecho.

- Versteckte Themen könnten über andere Quellen oder aus nicht vorhergesehenen Anlässen hochkommen.

- Probleme könnten außer Kontrolle geraten, wenn sie nicht sofort gelöst werden.

- Es ist leichter, einen einzelnen Fall rechtzeitig als „lessons learned" zu handhaben als später Vorwürfen systematischer Verschleierung oder der Toleranz von Fehlverhalten gegenüberzustehen.

- Selbst akzeptables Verhalten mag aus Sicht Dritter zweifelhaft wirken, wenn es vor dem Hintergrund einer aufsichtsbehördlichen oder Strafverfolgungsuntersuchung beurteilt wird und nicht ausreichend dokumentiert ist.

- Es ist leichter, einen einzelnen Fall rechtzeitig als „lessons learned" zu handhaben als später Vorwürfen systematischer Verschleierung oder der Toleranz von Fehlverhalten gegenüberzustehen.

- Selbst akzeptables Verhalten mag aus Sicht Dritter zweifelhaft wirken, wenn es vor dem Hintergrund einer aufsichtsbehördlichen oder Strafverfolgungsuntersuchung beurteilt wird und nicht ausreichend dokumentiert ist.

- Strafverfolgungs- und Aufsichtsbehörden honorieren in der Regel Offenheit/Zusammenarbeit.

- Auf stillschweigende Duldung durch Mitbewerber ist kein Verlass mehr.

- Bei Kartellverdachtsfällen müssen Sie mit der aktiven Information der Behörden durch beteiligte Wettbewerber rechnen.

Anhang

Um die praktikable Gestaltung des Compliance-Management-Systems zu veranschaulichen, finden Sie im Anhang einen Mustertext zur Stellenbeschreibung für den Compliance-Beauftragten. Darin werden Aufgaben, Kompetenzen, organisatorische Einordnung und weitere Aspekte beispielhaft benannt.

Anschließend wird das Leistungsangebot der Haufe Gruppe zum Compliance-Management aus Fachinformationssystem, Prozessoptimierung, e-Learning, Richtlinienmanager und Consulting vorgestellt.

Stellenbeschreibung/ Aufgabenzuweisung für den Compliance-Beauftragten

Mit dem Compliance-Beauftragten wird ein zentraler Ansprechpartner und Kümmerer als gewillkürter Unternehmensbeauftragter für Compliance-Fragen geschaffen, der diese Aktivitäten als Teil des Pflichtendelegationssystems im Unternehmen koordinieren und dort wo notwendig ergänzen soll. Die Bestellung zum Compliance-Beauftragten sollte daher schriftlich erfolgen. Aufgaben und Befugnisse des Compliance-Beauftragten sind zu bestimmen und schriftlich festzuhalten. Diesem Zweck dient der folgende Mustertext.

Die in dem Mustertext erwähnten Anlagen sind Bestandteile des Haufe Compliance Office, aus dem auch die Stellenbeschreibung selbst entnommen wurde.

Muster: Stellenbeschreibung/ Aufgabenzuweisung für den Compliance-Beauftragten

Compliance-Beauftragter: Stellenbeschreibung/ Aufgabenzuweisung, Bestellung zum Compliance-Beauftragten

[Briefkopf]

[Compliance-Beauftragter]

– im Hause –

Bestellung zum Compliance-Beauftragten

Hiermit wird

[xxx]

[zusätzlich zu seinen bisherigen Aufgaben] zum

Compliance-Beauftragten

für *[Unternehmen, Bereich, Standort]*

bestellt.

Für die Wahrnehmung der Tätigkeit als Compliance-Beauftragter werden nachfolgende Feststellungen und Regelungen getroffen:

1. Compliance im Unternehmen und Aufgaben des Compliance-Beauftragten

1.1 Compliance bedeutet die Bewahrung von Rechtskonformität und Redlichkeit. Das gilt insbesondere für die Einhaltung von Regeln, die im besonderen öffentlichen Interesse liegen und deren Verletzung deshalb mit Bußgeld oder Strafen bedroht ist oder zu erheblichen Rufschädigungen und Vermögensgefährdungen führen kann.

1.2 Diesem Ziel dienen insbesondere die in **Anlage 1a** im Statut der Compliance- und Risikomanagement Koordinationsgruppe (RICKO-Gruppe) genannten Aufgabenstellungen und Prozesse.

1.3 Die Sorge um die Regeltreue und Redlichkeit bei Führung unserer Geschäfte ist Aufgabe jedes Mitarbeiters, aller Führungskräfte und der Geschäftsleitung. Unsere Zielsetzung sind Mitarbeiter und Prozesse, die dafür Sorge tragen, dass Compliance-Risiken rechtzeitig erkannt und Verstöße vermieden werden können.

1.4 Dies vorausgeschickt ist der Compliance-Beauftragte der zentrale Ansprechpartner und Koordinator für Compliance-Fragen im Unternehmen. Er soll eng mit den Mitarbeitern, Führungskräften und weiteren Beauftragten im Unternehmen zusammenarbeiten. Hierzu gehört insbesondere die Vorbereitung und Leitung der Sitzungen der Compliance- und Risikomanagement Koordinationsgruppe und die Zusammenarbeit in dieser Gruppe zur Koordinierung und Lösung von Compliance-Fragestellungen.

2. **Stellvertretung**

Der Compliance-Beauftragte wird vertreten durch *[xxx]*.

3. **Zuordnung, Berichterstattung**

In seiner Funktion als Compliance-Beauftragter ist der Beauftragte – ungeachtet seiner sonstigen Einbindung in das Organisationssystem des Unternehmens – unmittelbar der Geschäftsführung unterstellt und berichtet regelmäßig und unmittelbar an ein von der Geschäftsführung benanntes Geschäftsführungsmitglied.

4. **Kompetenzen, Eskalationspflichten, Ressourcen**

4.1 Der Compliance-Beauftragte ist bei der Ausübung seiner Aufgabenstellung fachlich unabhängig.

4.2 Der Compliance-Beauftragte hat in allen Compliance-Fragestellungen ein Beratungs- und Mitwirkungsrecht, das er nach eigener Einschätzung ausüben kann.

4.3 Mit der Rolle als Compliance-Beauftragter sind keine operativen Weisungsbefugnisse verbunden, soweit es um Prozesse und Themenstellungen geht, die primär in der Verantwortung anderer Abteilungen, Führungskräfte oder Beauftragter liegen.

4.4 Operative Weisungsrechte des Compliance-Beauftragten bestehen in Bezug auf die Prozesse gemäß **Anlage 2**. Sie dienen dazu, deren Umsetzung durch eigene Maßnahmen und/oder über die Linienvorgesetzten herbeizuführen, für deren Verantwortungsbereich diese Prozesse umgesetzt werden sollen.

4.5 Stellt der Beauftragte fest, dass ungeachtet seiner Beratungs-, Unterstützungs- und Schulungstätigkeiten Standards, Verfahren oder bestimmte Situationen im Unternehmen weiterhin nicht den vorgeschriebenen Standards oder Ergebnissen entsprechen oder die Gefahr besteht, dass diese durch weitere Einwicklungen verletzt bzw. verfehlt werden können, ist der Beauftragte verpflichtet, die im Unternehmen dafür verantwortlichen Führungskräfte und Mitarbeiter umgehend zu unterrichten und auf Abhilfe zu drängen. Falls dies keinen absehbaren Erfolg hat, ist er dann verpflichtet, die Geschäftsleitung zu informieren.

4.6 Unabhängig hiervon ist der Beauftragte jederzeit berechtigt, in eigener Initiative, ohne besondere Beauftragung und gegebenenfalls auch in schriftlicher Form gegenüber der Geschäftsleitung seine Einschätzung zu Compliance-Risiken mitzuteilen. Das gilt auch, soweit Compliance-Risiken mit Verfahren und Aufgabenstellungen verbunden sind, die unmittelbar der Verantwortung anderer Stabstellen, Linienvorgesetzter oder Beauftragter zugewiesen sind.

4.7 Der Beauftragte ist verpflichtet und berechtigt, die Mittel, die für die ordnungsgemäße Wahrnehmung seiner Aufgaben, notwendigen sind, bei dem für ihn zuständigen Mitglied der Geschäftsführung zu beantragen.

4.8 Der Beauftragte hat im Rahmen des gesetzlich Zulässigen ein uneingeschränktes Informations- und Zugangsrecht zu Mitarbeitern und Unternehmensdaten, soweit dies nach seiner Einschätzung zur Erfüllung seiner Beratungs-, Unterstützungs- und Kontrollaufgaben zweckdienlich ist. Die Informations- und Zugangsrechte sollen in Abstimmung mit den jeweils zuständigen Führungskräften ausgeübt werden, es sei denn, dass nach Einschätzung des Compliance-Beauftragten eine andere Vorgehensweise zweckmäßig wäre.

4.9 Für Compliance-Risiken, die nicht bereits risikoangemessen ausreichend durch schon vorhandene die Aufsichts- und Kontrollmaßnahmen anderer Funktionen abgedeckt werden, sollte der Compliance-Beauftragte entweder eigene Prüfmaßnahmen vorsehen oder andere Prüf- und Kontrollfunktionen des Unternehmens hiermit beauftragen.

5. **Ansprechpartner für Behörden und Medien**

Der Compliance-Beauftragte ist nach näherer Weisung durch die Geschäftsleitung Ansprechpartner für Behörden in allen Compliance-Fragen, soweit insoweit keine besondere Fachzuständigkeit anderer Abteilungen oder Beauftragter besteht.

6. **Bekanntmachung**

Die Bestellung des Compliance-Beauftragten und dessen Funktion wird im Unternehmen und gegenüber zuständigen Behörden in geeigneter Weise bekannt gemacht.

7. **Eigenschulungen, Fortbildung**

Soweit zur Aufgabenwahrnehmung Kenntnisse oder Fertigkeiten erforderlich oder ratsam sind, die der Beauftragte im Laufe seiner bisherigen Berufstätigkeit nicht hat vertiefen können, die aber durch externe oder interne Schulungen vermittelt werden können, obliegt es dem Beauftragten sich in eigener Initiative durch Teilnahme an Schulungen oder sonstigen Ausbildungsmaßnahmen die zur Ausübung der übertragenen Aufgaben weiterhin erforderlichen besonderen Kenntnisse zu verschaffen bzw. diese in geeigneter Weise zu vertiefen und/oder zu aktualisieren.

[Ort, Datum]

....
Unternehmen

Mit der Bestellung einverstanden:

[Ort, Datum]

....

Betriebsrat

Einwilligung des Beauftragten

Der Beauftragte ist mit der Bestellung zum Compliance-Beauftragten einverstanden.

[Ort, Datum]

....

Beauftragter

Die Arbeitshilfe **„Compliance-Beauftragter: Stellenbeschreibung/Aufgabenzuweisung"** finden Sie im **Haufe Compliance Office** oder auf der „Arbeitshilfen online"-Seite zu diesem TaschenGuide, in der Rubrik „Management" (www.haufe.de/arbeitshilfen; Buchcode TGA-HL12).

Portfolio der Haufe Gruppe zum Thema Compliance-Management

Haufe Compliance Manager

Bei der Steuerung der Compliance-Prozesse des Unternehmens unterstützt Sie als zentrales IT-Tool der **Haufe Compliance Manager**. Dieser kann mit unserem Baukastenprinzip aus den im Folgenden dargestellten Bestandteilen individuell zusammengestellt werden.

Die **Basisversion** umfasst die Module

- Fachinhalte von Haufe (inkl. Haufe Compliance Office),
- eigene Inhalte und
- den Richtlinien-Manager.

Die weiteren Module sind individuell **nach Bedarf** zuschaltbar. Ergänzend hierzu stehen **fachliches Consulting und technisches Customizing** zu allen Modulen von der Konzeption bis zur Einführung der IT-Lösung für Sie bereit.

Nachfolgend eine kurze Beschreibung der Module Compliance Office, Richtlinien-Manager und Compliance College.

Basisversion

Fachinhalte von Haufe
(inkl. Haufe Compliance Office)
hilft Fachkräften bei dem Transfer von Normenänderungen
auf die unternehmensspezifischen Richtlinien

Eigene Inhalte
unternehmensspezifische Inhalte können
hochgeladen werden

Richtlinien-Manager
verteilt Richtlinien an Ihre Mitarbeiter, überwacht
und dokumentiert die Bearbeitung

Individuell nach Bedarf zuschaltbar

Compliance College
Modulare Compliance e-Trainings mit Lernkontrolle

Lern-Management-System
steuert die e-Trainings

Compliance-Prozesse
Tool zur Gestaltung von Compliance-Prozessen
(Geschenke/Zuwendungen; Case Management;
Busines Partner Screening)

Ask a Compliance Expert
Frage- und Antwort-Tool

+
Consulting und Customizing

Haufe Compliance Office

Mit dem Haufe Compliance Office werden geprüfte Vorlagen
für alle wesentlichen Bestandteile zur Ausgestaltung eines
Compliance-Management-Systems in Ausrichtung auf
IdW PS 980 oder ISO 19600 geliefert. Sie sehen wie Sie Verstöße gegen Gesetze und interne Richtlinien wirksam und
unter Nutzung bestehender Ressourcen vorbeugen. Dabei
senken Sie den Aufwand für die Compliance-Organisation
wie auch für die Mitarbeiter auf das unverzichtbare Minimum.

Richtlinien-Manager

Der Richtlinien-Manager unterstützt bei der Erstellung und
Freigabe von Unternehmensrichtlinien und Verfahrensanwei-
sungen:

- Mit Hilfe des Richtlinien-Managers können **Prozesse revi-
sionssicher dokumentiert** werden.

- Durch eine Verbindung mit dem Lern-Management-System
kann eine **Verknüpfung der Richtlinien mit dem Trai-
ningsprozess** erfolgen.

- **Leistungsmerkmale des Richtlinien-Managers auf einen
Blick:**

  – Erstellen von Richtlinien und unternehmensweite De
  reitstellung in der jeweils gültigen Fassung

  – **Zuordnung von Richtlinien** und Dokumenten zu Ziel-
  gruppen und Personen

- **Automatische Aufforderung der Mitarbeiter**, je nach Richtlinie spezifische Handlungen vorzunehmen, sowie automatisches Einfordern von **Bestätigungen**

- **Nachverfolgung, Kontrollprozesse**

- Automatische Erstellung von **Berichten**

- **Feedback-Funktionen**

Haufe Compliance College

Das Haufe Compliance College enthält eine **Sammlung von e-Trainings** zur Schulung der Mitarbeiter zu den wichtigsten allgemeinen Compliance-Themen. Compliance-Trainings sind als Präventivmaßnahmen für jedes Unternehmen unumgänglich und werden von den Kontrollbehörden erwartet.

Leistungsmerkmale des Haufe Compliance College:

- **Modularer Aufbau** der e-Trainings

- Schwerpunkt des Lernens liegt auf **praxisnahen Compliance-Fällen und Beispielen**

- Bei erfolgreicher Absolvierung eines **Abschlusstests** wird ein **Zertifikat** ausgestellt

Die ersten sechs e-Trainings, jeweils in deutscher und englischer Fassung, stehen zu folgenden Themen bereit:

1 Code of Conduct, Werte

2 Geschenke, Zuwendungen, Sponsoring, Interessenkonflikte

3 Korruptionsprävention

4   Kartell- und Wettbewerbsrecht

5   Datenschutz

6   Informationssicherheit

Auf Wunsch können kurzfristig weitere Sprachversionen erstellt werden.

Consulting-Pakete

Das Beraternetzwerk von CompCor umfasst erfahrene Compliance Consultants zu allen relevanten Bereichen wie Compliance-Kommunikation, Compliance-Management-Systeme, Kartell- und Wettbewerbsrecht, Arbeitsrecht, Datenschutz, Fraud-Prävention und Investigation.

Im Rahmen der Partnerschaft mit Haufe stellen die Fachexperten von **CompCor** die wesentlichen Inhalte und Konzepte für die Produkte „Haufe Compliance Office", „Haufe Compliance Manager" und „Haufe Compliance College" bereit.

Ein Ausschnitt der Leistungen von CompCor:

- Compliance Quick-Check
- Compliance-Support-Vertrag
- Compliance Outsourcing/Externer Compliance Officer

Stichwortverzeichnis

Impressum

Bibliografische Information der Deutschen Nationalbibliothek
Die Deutsche Nationalbibliothek verzeichnet diese Publikation in der Deutschen Nationalbibliografie; detaillierte bibliografische Daten sind im Internet über http://dnb.dnb.de abrufbar.

Print: ISBN: 978-3-648-06620-1 Bestell-Nr.: 01498-0001
ePub: ISBN: 978-3-648-06621-8 Bestell-Nr.: 01498-0100
ePDF: ISBN: 978-3-648-06622-5 Bestell-Nr.: 01498-0150

Dr. Reinhard Preusche, Karl Würz
Compliance
1. Auflage 2015

© 2015, Haufe-Lexware GmbH & Co. KG, Munzinger Straße 9, 79111 Freiburg
Redaktionsanschrift: Fraunhoferstraße 5, 82152 Planegg/München
Telefon: (089) 895 17-0
Telefax: (089) 895 17-290
Internet: www.haufe.de
E-Mail: online@haufe.de
Redaktion: Günther Lehmann
Produktmanagement: Michael Bernhard

Satz: Beltz Bad Langensalza GmbH, 99947 Bad Langensalza
Satzvorstufe: Agentur: Satz & Zeichen, Karin Lochmann, 83071 Stephanskirchen
Umschlag: kienle gestaltet, Stuttgart
Umschlaggestaltung: RED GmbH, 82152 Krailling
Druck: freiburger graphische betriebe, 79108 Freiburg

Die Autoren

Dr. Reinhard Preusche

Dr. Reinhard Preusche ist Gründer und Geschäftsführer der CompCor Compliance Solutions GmbH & Co. KG. Er ist zudem Partner der Rechtsanwaltskanzlei BKPI in Frankfurt am Main. Vor seiner Tätigkeit als freiberuflicher Berater war er unter anderem in der Allianz-Gruppe für Compliance verantwortlich. Er berät seit nunmehr einigen Jahren insbesondere mittelständische Industrie- und Dienstleistungsunternehmen in ihrer praktischen Compliance-Arbeit. Außerdem ist er Mitbegründer und Vorstandsmitglied des Netzwerks Compliance e.V.

Karl Würz

Karl Würz, Dipl.-Verw.-Wirt (FH), ist seit 2011 Geschäftsführer der CompCor Compliance Solutions GmbH & Co. KG. Bis 2001 war er Polizeibeamter des Landes Baden-Württemberg, zuletzt als Polizeidirektor im Innenministerium. In dieser Zeit verfasste er mehrere polizeiliche Fachbücher (u.a. Datenschutz, Gesetz zur Bekämpfung der Organisierten Kriminalität). Danach war er mehrere Jahre bei der digital spirit GmbH tätig. Als Leiter Business Development & Sales war er auch für die Produktentwicklung der Compliance-Trainingsprogramme mit verantwortlich. Herr Würz ist außerdem Geschäftsführer des Netzwerks Compliance e.V.

Wissen to go!

TaschenGuides.
Schneller schlauer.

Kompetent, praktisch und unschlagbar günstig.
Mit den TaschenGuides erhalten Sie
kompaktes Wissen, das Sie überall begleitet –
im Beruf und im Alltag.

Mehr Informationen zu den TaschenGuides
finden Sie auf www.taschenguide.de
und auf www.facebook.com/Erfolgreich

Jetzt bestellen!

www.haufe.de/shop (Bestellung versandkostenfrei)
oder in Ihrer Buchhandlung